回到当下：
最大限度地过好每一刻

［美］达妮·迪皮罗 著　秦彩萍 译

The Positively Present Guide to Life:
How to Make the Most
of
Every Moment

By
DaniDipirro

The Positively Present Guide to Life
All Rights Reserved
Copyright © Watkins Media Limited 2015
Text copyright © Dani DiPirro 2015
Artwork copyright © Dani DiPirro 2015
Simplified Chinese rights arranged through CA-LINK International LLC (www.ca-link.com)

图书在版编目（CIP）数据

回到当下：最大限度地过好每一刻 /（美）达妮·迪皮罗著；秦彩萍译. -- 北京：新世界出版社，2018.1
ISBN 978-7-5104-6448-5

Ⅰ.①回… Ⅱ.①达… ②秦… Ⅲ.①人生哲学 - 通俗读物 Ⅳ.① B821-49

中国版本图书馆 CIP 数据核字（2017）第 275690 号

著作权合同登记号：图字 01-2016-1260 号

回到当下：最大限度地过好每一刻

作　　者：（美）达妮·迪皮罗
译　　者：秦彩萍
责任编辑：董晶晶
责任印制：王宝根
出版发行：新世界出版社
社　　址：北京西城区百万庄大街 24 号（100037）
发 行 部：（010）6899 5968　（010）6899 8705（传真）
总 编 室：（010）6899 5424　（010）6832 6679（传真）
http://www.nwp.cn
http://www.nwp.com.cn
版 权 部：+8610 6899 6306
版权部电子信箱：nwpcd@sina.com
印　　刷：北京天宇万达印刷有限公司
经　　销：新华书店
开　　本：880mm×1230mm　1/32
字　　数：160 千字
印　　张：8.5
版　　次：2018 年 1 月第 1 版　2018 年 1 月第 1 次印刷
书　　号：ISBN 978-7-5104-6448-5
定　　价：38.00 元

版权所有，侵权必究
凡购买本社图书，如有缺页、倒页、脱页等印装错误，可随时退换。
客服电话：（010）6899 8638

所有在我的博客上留言、发电子邮件鼓励我或告诉我

继续写下去的人——谢谢。

你们是这本书的灵感

目 录
CONTENTS

1/ 写在前面的话

4/ 对本书的介绍

15/ 积极地活在当下的原则

第一章
在家庭生活中，积极地活在当下

005/ 打造有积极影响的生活空间

013/ 清理家中物品，以消除心理压力

023/ 充分利用在家里的时间

029/ 在家中求得心灵的宁静

037/ 与坏脾气为伴

043/ 拥有一种居家爱好

第二章
在工作中，积极地活在当下

055/ 充分利用你的工作

064/ 如何与不好相处的人打交道

072/	挺过压力巨大的一周
080/	展现你的才能
085/	利用当下打造你的事业
090/	把你喜欢做的事变成你的工作

第三章
在人际关系中，积极地活在当下

101/	有效地沟通
109/	学会结束一段关系
115/	欣然接受独处或交际的状态
122/	度过人际关系中的坎坷
127/	学会说"不"
132/	少去比较，多去爱

第四章
在爱情中，积极地活在当下

145/	爱自己
155/	赶走消极
161/	让心中的小鹿乱撞下去
166/	快乐地生活下去

171/ 向爱情敞开心扉

179/ 治愈一颗破碎的心

第五章
在转变的过程中，积极地活在当下

191/ 改变你的态度，改变你的生活

196/ 应对意想不到的变化

203/ 处理日常生活中的变化

206/ 战胜对变化的恐惧

211/ 戒掉坏习惯

219/ 让改变成就最好的自己

224/ 结论

226/ 积极地活在当下的 52 种方法

234/ 延伸阅读

237/ 致谢

239/ 关于作者

240/ 关于 PositivelyPresent.com 网站

写在
前面的话

你好！

很高兴你选择了这本书。把它拿在手里说明你正思量着如何更积极地过好当下的生活（或者至少你想知道那样做意味着什么），这很好。相信我，更加积极地处世，更加珍惜当下，会让你大开眼界、大彻大悟，甚至改变人生。如果你愿意卷起衣袖，付出一些努力，那么你感知和体验世界的方式将大有不同。

在讨论干货——让生活尽可能地积极和关注当下的秘诀、建议与灵感——之前，有几件事情需要你们知道：

1. 这不是一本幸福人生指南。尽管获得幸福是积极过好当下生活所带来的一种意外之喜，却不是本书的最终目的。（个中原因请见"对本书的介绍"）

2. 我没有博士学位，也没有其他耀眼的头衔。我写作这本书不是因为我学过这些东西，而是因为我曾与消极的心态苦苦斗争多年，摸爬滚打着学会了如何更积极地享受当下的生活。

3. 我不能保证本书中所述的曾对我的人生有帮助的所有这

些秘诀也都适合你,但如果你读了这本书,并坚持把书里的窍门运用到你的生活中,你便能更积极地过好当下的生活——一种让你更幸福、更充实、更珍惜每一分每一秒的生活。

感谢阅读!

达妮

对本书的介绍

> "幸福是一只蝴蝶,你要追逐它的时候,总是追不到;但是如果你静悄悄地坐下来,它也许会飞落在你的身上。"
> ——美国小说家纳撒尼尔·霍桑(1804—1864年)

无论承认与否,每个人都想得到幸福。但总是忙忙碌碌、压力如山大的我们,如何才能坐下来静静地享受幸福呢?人们往往轻信"最新""最好"的产品、新兴的健康热潮或下一个流行趋势中藏有幸福而去盲目地追逐,那么幸福何时才能找到我们?应该主动追求幸福的理念充斥着我们的生活,自助书籍、在线课程和"信誓旦旦"会令我们感到更加幸福的产品源源不断地涌现,但如果幸福需要借助下一个重大的改变才能到来,这一刻的我们又该如何得到幸福呢?

在我看来,真相就是我们并非每分每秒都幸福,我们也不该对时时刻刻都幸福抱有期待。想象我们能一直得到幸福是指望不可能发生的事(而且一直感到幸福实际上可能会很乏味)。霍桑是对的:我们不该去追求幸福,而是当它像蝴蝶一样时不时地飞落到我们身上的时候,惊叹它的美好。幸福可能转瞬即逝,但不要对此感到绝望，因为还有比幸福更美好的东西值得我们去追寻（是的，比幸福更美好！），那就是我所说的"积极的当下"。

在讨论更积极的当下之前，让我们思考一下，为什么幸福是暂时的呢？事情不顺利的时候，我们会觉得生气或失望；而当事情顺利的时候，我们会感觉到幸福。换句话说，幸福是一种情感，一种由特定刺激，如一顿美餐、一个爱意满满的拥抱、一次意外的升职加薪等触发的感觉。它不是一种持续的状态。就像不幸福的感觉（如生气或懊恼）总会过去一样，幸福的感觉也是如此。

意识不到幸福的短暂性给许多人（包括我）带来了巨大的痛苦。多年来，我追逐着自以为会让我感到幸福的事物——最新的小玩意、最时尚的潮流、最可爱的人……每当我有了一笔新消费、享用了一餐美食，或是吸引了自己喜欢的男孩子的注意，我就会感到一阵"幸福的眩晕"。这种感觉很美妙，是快感和终于得到幸福的欣慰感的混合，真是棒极了。但幸福正如霍桑笔下的蝴蝶，笼罩着我，让我享受瞬间的喜悦——然后就飞走了。我只好再次出发去寻找（或急切地盼望着）另一只蝴蝶。

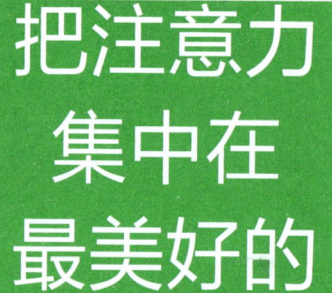

我被这样的恶性循环困扰了多年，直到 2009 年 2 月的一个大雪纷飞的午后，我突然意识到这样下去行不通，该是做出改变的时候了。我不想再有夜晚匆匆忙忙地外出参加派对，或以时尚新品将购物袋塞得满满的，或和自己喜欢的某个男孩子在午夜热吻，而不久之后自己又对他心生嫌弃的经历。我甚至不想再要更为积极却同样转瞬即逝的那些"幸福的眩晕"——母亲的拥抱、和密友在一起时的欢笑、手捧一本好书度过的下午时光，或是对小狗的亲密爱抚。我想要的东西比瞬时更久，但我没有耐心像霍桑建议的那样静静地等待幸福降临。身为典型的"Y 一代"①，我相信自己能够在神奇的网络世界里找到所有问题的答案。因此，在那个清冷的下午，我盘腿坐在床上，将笔记本端放在膝盖上，搜索着能让幸福持久之计。

在翻看了一页又一页的幸福秘诀之后，我找到一篇关于"如何设计完美生活"的文章。完美生活听起来可真不错，谁不想要这样的生活呢？快速浏览这篇文章之后，我发现其中的练习看似简单却能让人深刻地反省自身，对我这样没耐心的女孩来说是再合适不过了。于是，我拿出笔记本做起了练习。最后一道题目要求从我列出的所有我想体验的事情里选出两项。我的

---

① "Y 一代"：美国人把 1983—2000 年出生的人称作"Y 一代"，是伴随计算机和互联网络的发展而成长的一代。——编者注

单子真的很长，包含着我对生活的所有渴望——爱情和友情、成功和满足、创造和创新、幸福和快乐、激情和动力……我很认真地做着筛选，细细地审视了很长时间，终于圈出了两项：积极和当下。

选择"积极"是因为，我以为如果我能学得积极一些，在任何情境下都能看到好的一面，无论经历什么事情都能有最大的收获，幸福和快乐就会随之而来。选择"当下"是因为，如果我能活在当下，关注当下的一切而不是过去或未来，我会对已经发生的事情少一些忧虑，对可能发生或可能不会发生的事情少一些担心，全心全意地过好每一分钟，从而让自己更成功、更有活力、更心满意足。越是斟酌这个长长的单子，我越是清楚地意识到，如果我能更积极地活在当下，单子上列出的其他事情就有可能全部办到了。

就在那个下午，我对于生活的思考发生了巨大的转变。我不再频繁地去找寻幸福，这显然不适用于我，我决定变得更积极一些，把握当下。看着本子上圈出来的这两个词，我琢磨着要不要编个咒语什么的，作为自己奋力挣扎时的自我提醒。舞文弄墨了一番，我想出"积极的当下"一词。这个词很贴切，如实地反映了我一直以来对生活的期待——不是苦苦等待转瞬即逝的幸福，而是每天都能遵从内心做出选择。

对我来说，这是一个大的开悟。积极地活在当下是我这一刻就能做的事情，这两个行为的融合能营造出令人满足和认可的生活，而不仅仅是瞬间的感受。它的实现不需要特定的东西、人或情境，只需要把握住目前的时刻和自己的心态。

我越是细想自己提出的这个概念，越是觉得好像有美丽的烟花在头脑中绽放，由霓虹灯组成的"没错"两个大字在我的眼前熠熠生辉！你可能听说过著名脱口秀节目主持人奥普拉·温弗瑞口中的"啊哈时刻"，在这个时刻，你终于意识到需要什么事情发生，突然有了意想不到的为之努力的力量和勇气。此刻就是我的"啊哈时刻"。

这种可能改变人生的领悟让我兴奋不已，我不想将之据为己有，我曾经花费了太多的时间在满是建议和鼓励的微博和网站上搜寻，所以我也想创建一个个人网站分享我正经历的一切。一开始，我有点缺乏自信。在这方面我不是专家，我没有心理学学位，我一直挣扎着想要积极处世、活在当下，我究竟有什么建议可以提供给别人呢？凭着些许内在的力量，我终于推开所有的疑虑，创建了 PositivelyPresent.com 网站。我猜想着，如

走出自己的小世界

（哪怕你怕得要死！）

果我能勇敢地分享自己的理念，就能帮助其他人学会积极地把握当下。成为一名作家是我一生的梦想，从刚记事起我就有写日记的习惯，所以创建一个网站、写下自己每天的感悟也是合情合理的。尽管不知道哪些人会成为我的读者，但我坚信自己应该写下正在经历和学习的一切，并拿出来和大家分享。

在 PositivelyPresent.com 网站上，我开始书写自己学着去更积极地活在当下的旅程。起初，这只是一个小小的习惯，是一种记录自己的经历，希望从而可能影响他人的方式，但现在，它已经给我生活的方方面面都带来了改变。从我收到的成百上千的电子邮件、评论和信件判断，这个举动也给其他人的生活带来了巨大的影响。通过这个网站，我认识了许多与我有相同感受的人——幸福是追寻不来的，需要换一种方式看待问题。从读者那里得到的积极反馈越多，我就越兴奋、越有动力。

开办这个网站不仅仅是追求一份作家的事业，更重要的是，我从中找到了自己的使命。第一次读到网站读者发来邮件说我给她的生活带来了极大改变的时候，我久久地沉浸在一种深深的满足感里。来自世界各地的男男女女的邮件接二连三地到来，诉说着我的文字怎样地影响了他们的生活——治愈了一颗破碎的心，增进了一段友谊，转变了一种心态，甚至阻止了一场自杀。

在学着让自己的生活变得更积极、更关注当下的同时，我也给他人带来了积极的影响。网站办得如火如荼，让我更加坚定地积极处世、活在当下。尽管很难，我知道我要继续下去——为我自己，也为了我的读者们。

从 2009 年创建网站开始，我的生活就处处充满欢喜：我知道了该如何发展有创造性的、充实的写作事业；我梳理了自己的人际关系网，只留下那些积极的人际往来；我体验了深切而真挚的爱情；我在很多方面——态度、习惯、生活方式等——发生了转变。也正因为如此，我把这本书分为家庭、工作、人际关系、爱情和改变五个部分，它们囊括了你生活的方方面面，从你所处的环境到你的感情和心理问题。得益于积极地活在当下的选择，我的生活的每个部分都有了极大的改善。正如那篇网文帮助我找到适合我的生活方式一样，我希望我的建议也能够帮助你。你可以通读全书，也可以从你最需要帮助的部分入手。例如，如果你想通过清理你的家来整理你的思绪，请从第一章开始看；如果生活中有些人际关系让你觉得崩溃，请从第三章开始看。

为什么有了博客，还要写书呢？其实，我在刚开始学习写作的时候，就知道我这一生都会写下去。有的时候，我不是很清楚自己要写些什么，但我知道我想写书。因为书是我最好的老师，从书中我学到了那么多关于生活、关于了解自己的东西。写书是我能想到的向读者们呈现我的经验的最好的方式，对 PositivelyPresent.com 网站上写到的我的个人经验进行更深的挖掘，总结我自从创建网站至今的所有见解，而且我的博客还给了这本书另一个方面的启发：在本书中，我所有的建议都是以浅显易懂的列表形式呈现，以确保内容尽可能地简单、实用。

写这本书的目的不是要告诉你积极处世会带来心理上、科学上已经证实了的诸多好处，或者活在当下会带来众多的非物质利益，也不是要教给你该如何永远保持快乐（记住，这不现实），或者让你的生活完美起来的方法，因为事实上，"完美"（Perfection）是"好"（Good）的敌人。我写作这本书的目的和开设 PositivelyPresent.com 网站的目的一致，即和你分享我在变得更积极地活在当下的过程中积累的经验，这样你就能试着把这些经验运用到你自己的生活中去。我还想通过此书告诉你们：为什么积极地活在当下——而不是追求幸福本身——拥有改变人生的力量？你可以先看看第 14 页的图表，它列出了积极地活在当下的几种方法。遵循这些原则给我的生活带来了巨大的帮助，我希望它们也能帮到你。

"积极地活在当下"意味着

- 在任何情境里或任何人身上都能看到好的一面（即使这样做很难）。
- 拒绝沉湎于毫无意义的过去，而是把握当下。
- 关注当下，不要为将来忧愁。
- 积极地应对负面的情绪、状况和人际往来。
- 选择参与那些能让你做更好的自己的活动。
- 培养积极的、有益的人际关系，避免负面人际关系的影响。

积极地活在当下的原则

写这本书的时候，我意识到，有一些基本原则和本书的五个章节都有关系。它们不仅适用于我在本书中写到的具体的主题，也适用于日常生活的各个方面。我把这六条基本原则称为"积极地活在当下的原则"，因为我发现它们对于是否能积极地活在当下最为重要。这些原则是：

原则 #1
敞开你的心扉，积极处事，活在当下。

原则 #2
觉察，并愿意转变你的想法。

原则 #3
随时剔除负面影响。

原则 #4
热爱并欣赏你本来的样子。

原则 #5
怀着一颗感恩的心。

原则 #6
关注能鼓舞激励你的事物。

有的原则可能比其他原则更能唤起你的共鸣，这些原则是你应该特别注意的，但将所有这些原则付诸实践，会增加你充分利用每一分每一秒的可能性。在整本书中，我会不断地提起这些原则，所以读一读下面的文字，先了解一下我为什么认为每条原则都很重要。如果你还不确定这些原则在现实生活中如何运作，不用着急。接着往下读，一切都会明朗起来。

1. 敞开你的心扉，积极处事，活在当下

积极地活在当下，首要的方面就是敞开心扉，接受在当下积极地思考问题的想法。这听起来很简单，但当你在人生的某个艰难的阶段苦苦挣扎时，或者习惯性地持有负面情绪的时候，似乎积极地思考问题是不值得花时间做的，甚至是无法办到的。愿意看到当下生活中好的一面，并不意味着对当下生活中消极的方面持幼稚的态度或者一直处于一种欣喜的状态；它意味着你允许自己改掉旧的习惯（包括旧的思维方式），主动地去关注能够帮助你获得更积极的心态的当下。

2. 觉察，并愿意转变你的想法

你的想法塑造了你的世界。一种情况变好或变坏，是因为你觉得它变好或变坏了。我们用自己的想法给事物打上标签，试图理解它们并设立我们自己的道德准则。在已经知道某种特

定的行为是不可接受的或者某人会给你带来坏的影响的前提下，这种道德判断变得很重要，但这种标签往往也会阻碍生活中出现积极的事物。令人惊奇的是，如果你能意识到并且愿意改变自己看待问题的方式，你眼中的世界往往也会发生改变。这就像魔法一样！倾听你自己的想法（而不是简单地放任自流），能够使你清楚地觉察它们并理智地让它们远离负面影响，接受积极影响，也有助于你把自己的注意力从过去或未来移向当下。如果没有形成习惯，可能需要一些练习。

3. 随时剔除负面影响

在你试着去了解自己的想法的时候，应该注意一下身边发生的事情以及这些事情如何影响你积极地活在当下的能力。首先，甄别生活中的负面影响。考虑你的活动、习惯、心态以及身边的人，想想是生活中的哪些方面导致你极度地不开心、压力大、生气、紧张或者不安。（注意"极度"一词。如果这些感觉适度，那是没有问题的，但是如果你不断地有这些感觉或者这些感觉非常强烈，你的生活中一定有对你不好的因素存在）如果可以的话，试着不去接触，或者至少少去接触负面影响，把你的生活腾出来给予更积极的人或事。当然，彻底移除负面影响并非总能做到，例如，你也许不可能完全避开让你紧张的老板或者岳母，但减少或控制你和他们之间的互动通常是可能的，你可以选择少花点时间去想这些负面的人或情况。

4. 热爱并欣赏你本来的样子

如果你对自己不满意，那你很难会对自己的生活感到满意。热爱自己关系到自我意识——了解并热爱现在的自己、过去的自己和将来的自己，也关系到接受，这意味着不仅要热爱自己明显可爱的地方，还要热爱自己某一天可能会改变的地方。我称之为"自爱"。自爱的第二个同样重要的方面是积极地欣赏自己。你可以通过言语和行为表达对自己的欣赏，告诉自己：你有多么重要，成为现在的自己你是多么幸运（如果可能的话，请每天都这么做）。你还可以善待自己的身体和思想——好好吃饭，好好休息，允许自己做真实的自己而不做过多的评判。简而言之，欣赏是付诸实践的热爱。

5. 怀着一颗感恩的心

这听起来也许比较老套，甚至有点傻，但它意味着去关注你需要感谢的事物，而不是沉溺在对所缺之物的遗憾中。当你的思想集中于生活中的积极影响，你就能活在当下，欣赏你这一刻所拥有的和所成为的，而不是为你希望拥有的或曾经拥有的而焦虑。怀着一颗感恩的心，你能感知到你自己的甚至周围世界里的幸福。这样，活在当下、欣赏当下的一切就变得容易许多。

6. 关注能鼓舞激励你的事物

多花时间在能给你带来欢喜和能鼓舞你的事情上，例如和心爱的人共度时光或者从事你的爱好，这些时刻你最容易做到积极地活在当下。如果你还没有什么事情是最喜欢做的，那就不断地去尝试直到找到能让你身心充满喜悦的事情。当你发现自己沉溺于某一时刻，乃至忘却了时间，也不想去其他任何地方，你就找到了这样的活动，它有可能是弹吉他、画画，也有可能是陪伴孩子或者登山。令人振奋而满足的事情未必总是简单（例如养育小孩）或有趣（例如工作在让你喜欢的同时也让你感到压力山大的地方）的，但你应该把能激励你享受当下的事情列为人生中的头等大事。

在整本书中，你会看到再次提到这六条基本原则的"提醒框"。你还会看到"付诸实践框"，其中列出的实战练习构成一个完整的"积极性项目"，帮助你找到积极的方法来应对家庭、工作、人际关系、爱情和改变。如果你试着完成所有的练习，你就走上了积极地活在当下的正轨。

第一章

在家庭生活中,积极地活在当下

第一章　在家庭生活中，积极地活在当下

为什么本书要从家庭生活入手呢？"家"这个词远远不止住的地方那么简单。围绕在你周围的墙壁、上方的屋顶构成你的房子，但它们不是你的家。"家"的意义更加深远，尤其是在谈到积极地活在当下的时候。

你的家无论是一栋大房子、一所小公寓，还是只有一间卧室，它都是你的个人领地，反映着现在的你、过去的你和未来的你。如果你的家乱七八糟，到处都是会给你带来压力、会让你消极或不开心的东西，当你置身其中，这些负面因素会一直陪伴着你，走进家门，你面对的却是更多的压力，那么怎么把家变成能让你长舒一口气、卸下积攒了一天的压力、振奋心灵的地方呢？

把家变成积极地活在当下的"总部"很重要，在这里，即使你的同屋是个古怪的人（无论他们是谁，例如乱发脾气的孩童、喜怒无常的少年、争强好胜的兄弟姐妹、紧张过度的舍友等等），也不能影响你内心的平静。有大量的资源，例如书，专门研究如何营造祥和的家庭氛围，但如果你多少有点像我，你需要的是能够简单快捷地付诸实践的方法。我的意思是，我哪里腾得出整个周末的时间来整理衣柜？我的家里哪有专门用来冥想的空间？当我努力地积极地活在当下的时候，我发现有

许多简单且大部分无需成本的技巧，能把家从杂乱、有压力的地方变成能鼓舞激励你，也能让你得到休息的地方。在这一章，我会分享一些和家庭生活有关的建议，包括选择适当的装饰品，打造出有积极影响的生活空间，以及帮助你放松、平静下来，完全地把握当下，以及搞定难相处的同屋的技巧。在家庭生活中，小小的改变也能对你生活的其他方面产生巨大而积极的影响。

打造有积极影响的 生活空间

你的生活空间确实会对你的感觉产生巨大的影响。物体、色彩、图案、气味和声音都以某种方式一直影响着你。生活中,很少有地方能让你自主地选择身边的环境,家是这种神奇的地方之一,即使有时候你有同住者。在采取行动之前,先考虑一下你想拥有什么样的生活空间,是能鼓舞你、振奋你、激励你的地方,还是一个能让你平静、放松下来,感觉神清气爽的地方?也可能你想要的家既能让你放松又能让你振奋。无论你想要的是什么样的家,你都有能力办到。

希望你的家一天二十四小时都充满积极的能量,这种想法是不切实际的。然而,利用家的各种组成元素——家具、色彩、装饰,当然,还有你与同屋的人之间的关系,你能将其打造成更易于滋养你生命中的善而压制你生命中的恶的地方。我不能告诉你应该在家中放些什么东西,毕竟每个人都是独一无二的,品味也各有不同(例如,你也许讨厌橙黄色的沙发,而我的客厅却离不开它),但我可以分享我是怎样让自己的生活空间拥有更多的积极因素的,尽管它只是一个很小的空间,希望你能把这些方法应用到独一无二的你的家里。

1. 融入视觉感受

你喜欢看什么?你看到什么会不由自主地哼起歌来?思考一下"鼓舞人心"这个词,它唤起了你怎样的联想呢?你的脑海中可能会浮现出心爱的人?或者上面写着金玉良言的印刷品?或者你曾经经历的事?现在,想一想怎样用这些东西填满你的家。

如果文字最能令你产生共鸣,就把你最喜欢的话语裱起来,挂在你每天清晨一醒来就会看到的地方;如果某件艺术品能让你激情澎湃,就买一张它的印刷品,摆在你一进门就会注意到的地方;如果家人的影像让你的心中充满喜悦,就在墙上挂一排他们的照片。记住,虽然人的真实的情绪是埋在心底的,但你所看到的身边的一切都有可能左右你的感觉。如果你想在家里感到兴奋和振奋,就选择鲜亮和具刺激性的色彩和物品;如果你更喜欢轻松、祥和的氛围,就选择那些能激发你平静感觉的物品。

2. 庆祝自己的成就

让你积极地活在当下的家能时刻提醒你自己有多棒。如果仔细地审视自己的生活,你会惊喜地发现有很多让你感到自豪

家

是你能对自己产生喜爱的地方。

的事物。也许你得到过一个足球比赛的奖品、一张音乐考试的奖状、一枚游泳比赛的奖章、一次晋升的机会,甚至你曾获得过奥林匹克运动会的奖杯,也许你拍的一张照片或画的一幅画完美地捕捉了这些珍贵的时刻。在家里,提醒自己已经取得的成就能强化你的自爱之心。没有人喜欢爱炫耀的人,但是如果你在自家走廊里摆起一橱柜的奖杯,你不需要通过炫耀就获得了同样欣喜的感觉。不过,或许你和大多数人一样,并没有给自己已经做得很好的事情以足够高的评价。与其收起你的奖状、奖品和艺术品,把你生命中的精彩时刻隐藏起来,不如把它们放在书架上。如果你不想显得太过招摇,可以把它们放在书列末端,作为挡书板使用。你还可以把自己的照片或艺术品挂在卧室里;把自己写的诗集放在咖啡桌上供大家翻阅。无论有什么你所珍视或让你感觉不错的东西,都展示出来吧。你越是提醒自己有多棒,就越容易去爱自己。

提醒!

积极地活在当下的原则 #4

通过展示自己的成就、关注自己已经做得很好的事情来热爱并欣赏自己,尤其在当你觉得活在当下很难的时候。

3. 选择适合你的颜色

即使你不是室内设计师，也要相信自己的直觉——你一定可以选出对你具有吸引力的颜色。想想哪些颜色能唤起你在家中的任何一片区域都想要拥有的那种情感，例如能让你平静、充满能量或拥有丰富的想象力。这和问自己最喜欢的颜色是什么一样简单。如果你像我一样，你会有一个明确的答案（我最爱的颜色是橙色，一直都是！），但是如果你有两三种最喜欢的颜色，那也完全可以把它们都用上！环顾四周，能看到你最喜欢的某种（或某几种）颜色吗？如果有，那很好！如果没有，那就做出改变！你不需要买桶油漆来刷墙，虽然这也是可以的。你可以买一个罩单，做一个垫子套，印制一张照片或者摆一件有你最喜欢的颜色的装饰品。研究表明，单是看到某种颜色就能激发某种情感甚至强烈地影响情绪。例如，蓝色和绿色据说是能令人感到平静的色调，而红色则被认为是令人热情奔放、元气满满的色调。上网搜一下什么颜色能触发你想要拥有的那种情绪，然后用它们来装饰你的家。

4. 做真实的自己

也许看到杂志上某种家庭装修的风格，你就会想把自己的家装得比它更好。但请扪心自问，那种极简风格的柜子、带有华美刺绣的床品或艳粉色的沙发真的适合你吗？也许在照片里或别人的家里，这些物品看起来很漂亮，但如果把它们放在你的屋檐下，你会产生什么样的感觉呢？家庭装修是极度个性化的。和办公场所或店面不同，你的家无须迎合大众的喜好。你不是要去卖家具（那是物品目录的功用），也不是要陈列所有流行的款式（那是杂志的功用）。你要做的是打造一个完全有"你"的感觉的地方，一个你能感觉到你想拥有的感觉的地方。你家里的装修应该是你的生活和你的生活方式的反映。如果你最适合坐在房间中央，那就把沙发摆在那里；如果你个子不高，希望家中的艺术品与你的视线持平，那就把它挂在比那些家居专家推荐的低一点的地方；如果你喜欢金色和银色，即使你读过的建议都是只能选择其中的一种用在家里，你也可以把它们都用上。你设计的装修风格在感觉上越像是你这个人，你就越能从这个生活空间中获得享受，得到成长。

5. 试着做做微调

打造一个自己喜欢的生活空间，并不意味着要花费很多金钱买新家具或者进行大规模的重新装修。打造一个能让你积极地活在当下的空间，是指利用你所拥有的一切，让它们发挥最大的效果。通过这里、那里细小的改变并不断地进行调整，是找到最适合自己的风格的最佳方式之一。有时候，你只需要做最小的调整就能让你的生活空间焕发新的生机，你也会感觉更加舒服。想想一个小小的改变会怎样影响你和家之间的互动或你在家中的活动，例如一把放错了位置的椅子总会撞到你的膝盖，所以你需要把它移到别处。神奇的是，细微的调整也能让你的家呈现出全新的面貌。例如，换一面墙挂某幅画，重新摆放客厅或卧室里的家具，或者把某件艺术品换成全家福照片，这些微调都有可能让你感觉好像搬入了新家一样。

6. 明白这不是一成不变的

随着时间的流逝，你和你的家都会发生变化：卧室墙上的颜色你现在非常喜欢，但或许有一天会让你觉得太沉闷，或太像往昔的你；你今天兴致勃勃地挂到墙上的画，或许在将来的某个时刻会让你觉得单调乏味。当你选择室内装饰品、颜料、工艺品等物品的时候，要明白它们未必会永远陪伴你，而这是很正常的。"永远"这种念头会令人胆怯甚至恐慌，这也是关注当下如此重要的原因之一。如果你今天感觉想把卧室的墙面涂成亮蓝色，那就涂成亮蓝色！不要让永远这种念头阻止你的行动。活在当下，让你的周围布满你现在喜欢的颜色、风格和装饰品，让这一刻给你灵感、让你兴奋、令你放松和恢复元气的东西围绕在你的身边。

付诸实践！

明确什么是适合你的

要想打造一个能让你积极地活在当下的生活空间，首先要弄清楚哪些东西能让你积极地活在当下。给你灵感、让你兴奋的东西，是你最喜欢的东西，也是你想要放在家里的东西。拿起笔来，回答下面的问题，让你的答案帮助你找到能把你的家变成最适合积极地活在当下的地方的物品。如果你不想把答案写在书里或者想把这个练习分享给同屋的人，可以访问 **danidipirro.com/books/guide**，下载免费的表单（worksheets）。

- 我最喜欢的颜色是：
- 我喜欢的书/杂志是：
- 我喜欢收集的是：
- 能鼓舞和激励我的艺术品有：
- 最让你感觉自在的时刻是：
- 我感兴趣的建筑是：
- 我在家里听的音乐是：
- 我最喜欢的季节是：
- 我梦想的家里应该有：

清理家中物品，以消除心理压力

对于许多家庭来说，杂乱都会带来负面的影响，所以这本书单列出一节来探讨这个话题。但我也相信对于杂乱的界定因人而异。你或许认为去年生日时收到的一摞卡片是杂乱的表现，我却觉得那是珍贵的回忆；你或许会把单只的袜子收起来以备找到另一只时再穿，我却会直接将其扔掉。杂乱只是一种观点，但是如果你待在家里却不觉得自在，如果你时不时地会有东西乱糟糟的或者需要收起来的感觉，如果你周围的事物令你的内心感到不安，你就到了杂乱的边缘了。

尽管听起来有点戏剧化，但我相信杂乱真的会影响到一个人的生活。当杂乱的家庭环境令你无法活在当下、难以积极处事的时候，你如何能感到轻松自在？下面我列出了一些有关清理的好处：

- 节约时间——不需要再寻找不见了的单只手套或钥匙；
- 节约金钱——不需要因为找不到太阳镜而再去购买；
- 节约空间——不需要把东西硬塞进抽屉或柜子；
- 节约脑力——不需要去想自己为什么总是丢东西。

你在清理家庭空间的时候,也清理了自己的思绪。麻烦的地方是你真的需要自己去进行清理。首先,不要听信告诉你自己没有时间的内心声音。回看一下清理可以带来的四项好处——你怎么会没有时间去做呢?它们对于具有积极地活在当下的能力至关重要。下面是我针对清理提出的几条实用性建议。

1. 如果不需要,就扔了它

从某个柜子或抽屉(选择每次打开都会让你感到不痛快的那个)入手,把所有东西都拿出来。关注当下的需要,不要去想"某一天我会用到这个"或者"我过去常常用它",只是考虑你现在是否需要它或使用它。一旦确定现在用不到这件物品,不要等着以后再送人或扔掉,马上把它放在送交慈善商店的袋子里;如果认为别人也不会用到,就放在废物盒子里。下面的简明流程图概述了这一过程。

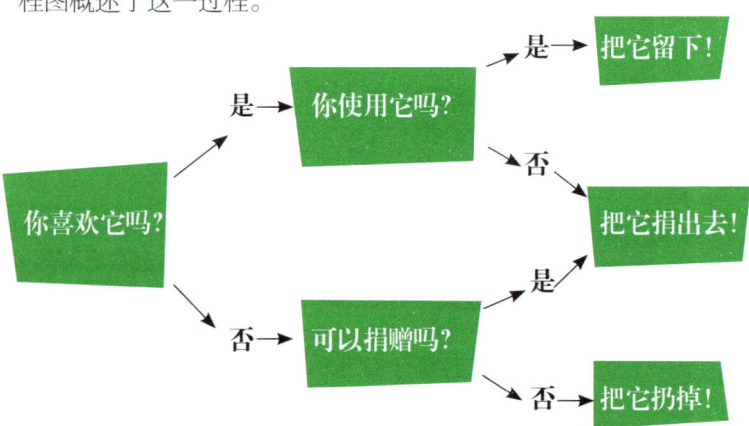

果断决绝，听从自己的直觉，不要多想。如果最近三个多月的时间里你都没有用过它，甚至看也没看一眼，那你现在就不需要它了。当然，有可能将来某一天你会希望自己没有把它扔掉，但据我的经验，你不会长时间为其懊恼的。

清理完一个柜子或抽屉之后，以同样的方法清理家里的其他地方。看到没用过或不需要的物品的时候，把它们拿出来送人或扔掉。如果你不需要它、不会用到它、也不喜欢它（例如你不喜欢那双穿破了的旧靴子，你这个世纪都不会再穿它了），就把它扔掉。清理过多的东西不仅能消除杂乱，还能让家里你真正珍视的物品"从幕后走到台前"。这些才是美好的、有意义的或有帮助的东西，缺了它们，你会觉得不自在。记住：定义你的家的不是里面物品的数量，而是由这些物品唤起的情感。如果你让这些能令你产生积极情感的东西充分发挥作用，你的家会变成一个更幸福更祥和的地方。

2. 盘点你所拥有的一切

在丢掉你不需要和不想要的东西的时候，也去想一想剩下的东西。如果你善于列清单，把你所有的物品都列出来。如果你不喜欢列清单，就用手机拍照或画画，或者在心里有个概念，总之，用任何适合你的方法盘点家中物品。等你盘点完，要注意相同的两件，甚至三件，以及更多的你用不着的东西。当我第一次这么做的时候，发现自己有15套比基尼。15套啊！处理掉大部分以后，我少了很多心理负担，而且多了一整个抽屉的空间。盘点也是一种很好的控制将来购买物品的方法（我不会再去买新的比基尼了），提醒你自己所拥有的一切并感恩。下一次当你发现自己处于心生抱怨的边缘，例如嘟哝着："呃，我没有衣服可穿了！"就查看一下自己的存物，从中挑出一件衣服来穿并且心怀感激。

> **提醒！**
>
> **积极地活在当下的原则 #5**
> 盘点你所拥有的一切，这能让你心怀感恩。有一颗感恩的心，你不会过于关注自己所缺失的，更容易活在当下，欣赏你所拥有的。

3. 购买高质量的整理工具（并投入使用）

当你开始变得有条理，逐渐摆脱你不需要的东西时，你可能会想到应该买点什么，例如盒子、箱子、记号笔、档案袋等等，来帮助自己更好地整理剩下的东西。相信我，我也喜欢这

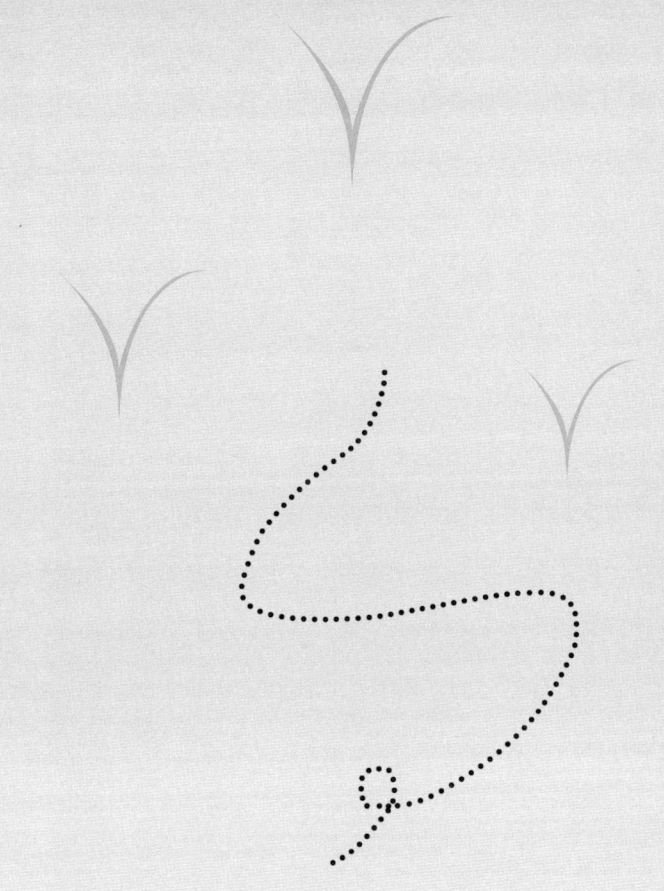

对你不再需要的东西

放手

些东西，但是请不要让自己失去理智。尽管整理自己的住处是一件令人兴奋的事情（也可能我是唯一一个会对整理感到兴奋的人），但跑出去买一堆还不确定自己是否会用到的整理工具，往往是一种错误的做法。先去查看一下你的存物吧，然后再去网上查找有哪些整理工具可选。你最需要什么样的盒子、文件夹、档案袋等？列一张单子。最后，去杂货店买且仅买单子上的物品。请尽量选择能经受得住搬家、淘气的小孩、好奇的宠物或其他家中可能会有的破坏性力量的折腾的高质量材料。记住：先明确需求，再购买。另外，请保存好收据。这样的话，如果你发现自己暂时用不到某种整理工具，就可以去商店把它换成你需要的。还要记住这一点：没有什么比在家中积聚更多的杂物更能消解你在清理方面所做出的努力了！

4. 建立颜色编码

好了，你已经把周围的墙面和室内装饰品都换成你最喜欢、最能令你开心的颜色了。现在该用颜色编码来帮助你整理东西了。例如，你可以用颜色来给你的文件分类。为你生活的每个方面（例如健康、工作、孩子、汽车等等）指定一种特殊的颜色，这样，当你打开文件系统的时候，你就会很容易找到想要的东西。假设你用蓝色代表与汽车有关的文件等物，当你需要续交保险的时候，你不必记得把相关的文件是放在"汽车"类目，还是"本田"或"保险"类目里了，因为所有与汽车有关的东西都在蓝色的文件夹里。如果你有小孩，可以试着给他们的抽屉标上颜色，鼓励他们自己把干净的衣服收好，例如"把T恤衫放进红色的抽屉里"，这样，早上穿衣服的时候，他们就会知道该去哪里找自己的衣服！尽管建立颜色编码系统需要费一些工夫，但从长远来看，你会节省许多找东西的时间，而节省下来的这些时间你可以用来享受生活。

5. 有逻辑地放置东西

这是显而易见的吗？并不尽然。例如，看一看你的厨房，所有应该放在一起的东西都放在一起了吗？咖啡豆在咖啡壶附近吗？茶叶在茶壶附近吗？想想你是怎么利用家里的空间以及里面放置的东西的，要尽可能地将它们放在最方便取用的位置。那么，放在哪里最方便取用呢？思考这个问题的最佳办法是想象使用它的那一刻。想想你在做这件事的时候是怎么做的。你在做一件事的时候，很容易从一步进行到下一步吗？并且能立刻拿到你需要的东西吗？你伸手去拿某物或者翻找某物的时候，会不会觉得很烦躁？有没有哪件事在做的时候是断断续续的或者不自然的？当你觉得烦躁或感觉要崩溃的时候，想想你该怎样整理自己的空间，把每件东西都放在最适合、最有用处的地方。

付诸实践！

清理废品抽屉

如果你有点像我,那你每次打开废品抽屉(以及柜橱、房间……)的时候都会感觉难为情。更糟糕的是,它们为你不知道该怎么处理的东西提供了藏身之所,而这只会让你的家更杂乱。所以是时候一劳永逸地解决这些废品抽屉了。

清理废品抽屉:

1. 把抽屉里的东西放到一块空地上。

2. 把它们归为以下三类:(1)垃圾;(2)捐赠;(3)保留。

3. 马上扔掉"垃圾"。

4. 把要"捐赠"的东西放在门口,为它们找到一个新的归宿。

5. 确定你是否真的需要被归为"保留"的东西。

· 如果需要,把它们分类,放在抽屉里的小盒子里。

· 如果不需要,把它们放在要"捐赠"的东西里。

· 如果不确定,把它们装进盒子里收起来,然后在日历上标注一个日期,几个月后再去查看这个盒子。如果这段时间里,你都用不到或者想不起来这些东西,就把它们捐赠出去。

6. 掌握列任务清单的艺术

我知道,如果你"不是那么有条理"(比"没有条理"听起来好多了吧),那么列任务清单的想法可能会让你不寒而栗。然而,无论看起来多么麻烦,任务清单实际上很有用处。写下在接下来的几个小时甚至一个星期内你需要做的事情,能缓解大脑对于下一件事情的焦虑。定期写下你需要做的事情,做完后就把它划掉,清除头脑中的杂乱,你才能更关注当下。

7. 东西要随时收好

进门的时候,你是不是顺手把手提包扔在走廊里了?从邮筒里取出信件后,你是不是随手把它们放在一边,任凭它们堆得越来越高?取出充电器给相机充完电,你是不是还任由它插在插头上?减少杂乱的一个重要方法就是把东西随时收好。一旦每件东西都已有其固定位置,仅用一个方法就可避免杂乱出现(但往往很难执行):收好。如果你整理了所有的东西,但用过后并没有把它们归回原位,你整理东西的时间就白费了。没人想浪费时间,对吗?当你把东西收起来的时候,试着想一想放在这里是否合适。如果你发现自己很难够到放在衣橱最上面的装围巾的箱子,换个地方放置会方便许多,否则,你会更有可能把围巾扔得到处都是。而对于信件来说,请打开阅读,然后归类收好或丢弃,而且要立刻去做!没有了成堆的纸张和乱糟糟的打开的信封,你的家会变得更祥和,更能对你产生积极的影响。

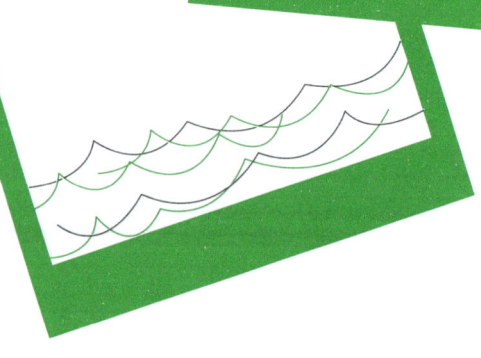

收藏体验，而不是物品。

充分利用
在家里的时间

到了家里,我喜欢静下心来,放松自己,享受无外界压力的时刻。听起来很简单,是吗?等等,在家里,还需要洗一堆衣物,要修整草坪,要分类可回收与不可回收的垃圾,要做晚饭,要付账单……这些事听起来很耳熟吧?在这一节,我会和你分享最小化家务管理时间的一些技巧,这样你就能真正充分地享用在家的时间了。我发现,如果能找到一种高效率的做事情的新方法(这种方法也可以用到工作中),所有那些恼人的小事情很快就能做完,你会有更多的空闲时间,而更多的空闲时间意味着你可以做更多你喜欢的事情(坐下来读一本好书、做个"白日梦"、听听音乐……),意味着你可以更积极地享受你的私人空间,更关注当下的一刻。

1. 戒绝拖延

还记得你的任务清单吗?把任务划掉的最佳时机就是今天。毕竟,你永远不知道明天会发生什么。如果你能简单快速地完成一项任务,就尽快去做,这样你就不必再去想它了。如果你不能一下子完成这项任务,就把它分成几个步骤,下决心一天(或一个星期)完成一个步骤。例如,你想要划掉任务清单上的"清理橱柜"一项。如果你有一整天的时间,就把它写在日程上,就好像要和人约会或有什么事情要办一样,不允许自己退缩;如果你没有时间一次处理完(这是大部分人把任务拖后的原因之一),就把这项清理任务分解成几个易办的部分并安排好时间,例如,一次整理一个小柜子,或者第一天清理烘焙用具,第二天清理陶具,或者每次清理半个小时。目标越容易达到,你就越容易戒绝拖延,开始真正地着手办实事。

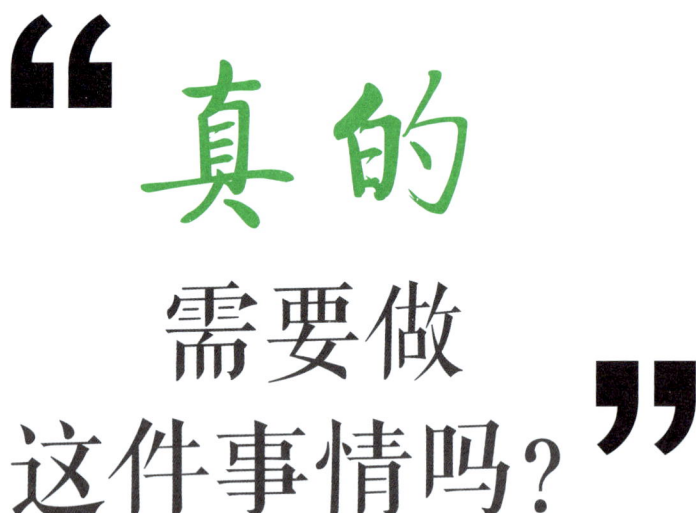

2. 把清单上的任务按优先级排序

有时候，把任务列在清单上是因为你觉得你应该做这件事，或者你觉得你会想要去做这件事。然而，仔细想一想，你可能会发现有些任务并不像你想得那么重要。请思考每项任务或"杂活儿"以及做它们的目的。你真的需要去做吗？它能让你的生活更积极、更关注当下吗？现在，把清单上的任务按优先级排序，注重事情的本质，把"应该做的"而不是"需要做的"留到下次再做。你答应了别人会带甜点去参加晚宴，那就带点水果，或者买现成的甜点带去，你不必非得亲手做。对于真正需要做的事情，例如洗衣服，给自己规定一个时间或目标，如在午饭前洗完两桶。在洗衣机运转的时候，你可以享受一些属于自己的时间。至于收衣服，你可以给家里每个人都分配一些工作，让他们与你分担！

3. 明智地使用技术手段

在家里，技术手段可以是天使，也可以是恶魔。一方面，它实现了你与心爱的人、娱乐、即时信息之间的联系；另一方面，它会分散你的注意力、浪费你的时间，甚至给你带来压力。例如，有一个可以 24 小时收发邮件的设备是一件很棒的事情，直到你打开了一封工作邮件，而假如你能在办公室知晓并处理这封邮件，这会更好。关键是达到平衡。要为自己设定界限，例如，在晚上或周末的某个时间关闭你的智能手机里的邮箱应用软件的运行。试着把每天晚上看电视的时间控制在一两个小时以内；读读书，和同屋的人玩玩游戏、聊聊天，享受彼此的陪伴！如果可能的话，在睡觉前一两个小时关闭所有的电子设备，这样你会睡得更好，我保证。

4. 避免多任务处理

我知道，每个人都希望自己擅长多任务处理，但是现在我建议你避免这种行为！虽然看似有悖常理，但把事情做好的最佳方式之一就是一次只做一件事情。当所有的精力都集中在一件事情上的时候，所有的心思都会放在把这件事情办成的行动上，你就更有可能尽全力把它做好，这样你就不必再做一次或是再去弥补些什么。一次只做一件事情也能鼓励你全身心地关注当下，关注这一刻，这正是积极地活在当下的精髓。

提醒！

积极地活在当下的原则 #2

愿意转变思想，接受一次只做一件事情的想法会让你一整天都活在当下并且更有收获。尽管听起来难以置信，但多任务处理真的不是在家里做事情的最佳方式。

5. 寻求他人的帮助

时不时地,我们都会需要一些帮助。当你的任务清单开始让你觉得压力很大的时候,复查一下这些任务,看看是否有分配出去的可能。例如,你要为一次聚会准备大餐,不如让你的朋友们带来他们最喜欢的食物。不要不好意思指派他人做事,你不必事事都亲手做。分派给其他人的事情越多,你越能专心于只有自己能做的事情。

同样,只要自己有时间,就主动去帮助同屋的人。或许有些事情你比别人做得更好,接手这些事,能让其他人专心做他们最擅长的事情。如果每个和你同住的人都感觉自己有人支持,那家带给你的压力就会大大减少,家就会变成能让你更有收获、更积极处世、更珍惜当下的环境。

付诸实践!

安排一个动手日

拿起日历,是时候安排一个动手日了。什么是动手日呢?就是拿出一天,或者一天中的几个小时,专门处理家庭任务清单上的任务。

每个月只需要安排一天动手日,例如本月的最后一个星期六或者每个月的第五天,你就能一鼓作气地把一堆任务办完。试着坚持执行每个月的动手日,确保同住的人知晓并尊重它,必要的时候寻求他人的帮助,并在动手之前关闭电视、手机和平板电脑。保持专注,享受把清单上的任务一项一项地画掉的成就感。

想要确保自己不会忘记动手日,请访问 danidipirro.com/books/guide,免费下载一套贴纸,贴到你的日历、日程或日记本上。

在家中求得心灵的宁静

我们还没有讨论到把家变成能让你积极地活在当下的地方的最重要的一个方面。这部分是关于你——对，你！——如何在家中求得心灵的宁静，哪怕身边是焦躁不安的同住者或是闲不住的孩童。就像我提到的那样，当你待在祥和的家庭环境里（或者至少是一个让你感觉自在的地方），你会更易于积极处事、把握当下。但怎样才能放松下来呢？尽管你已经打造出适合你的空间并完成了任务清单，但是没有一个开关可以熄灭你头脑中的压力或者你身边的嘈杂。不用担心，针对如何把你的心境和你的家变成宁静的港湾，我给出以下建议。

1. 找到压力产生的根源

是什么让你在家中备感压力？也许是叽叽喳喳的孩子、智能手机收到工作邮件时的嘀嘀声或是每天晚上都要准备营养晚餐。把这些根源列出来，想办法把它们减至最少。孩子叽叽喳喳地吵闹个不停？那就给每个小孩分配不同的任务，这样他们就不会彼此产生摩擦。邮件要把你逼疯？那就关掉手机！没有时间去想晚饭做什么？那就在星期天准备一堆好吃的，然后冷冻起来，在工作日拿出来热一下吃。你永远无法彻底消除家庭的压力，但采取积极、着眼于当下的措施，就能把压力降至最低，能给你更多的掌控力，让你的家更加宁静。

2. 走出去

如果你的家里像是活动的旋涡，而你想要一份宁静，想把自己带出这个旋涡，你只需要走进另一个房间，或者去花园里或阳台上，或者在小区里转一圈。这样你就可以拥有一个能够深呼吸的空间，去关注当下积极的一面。不要去想是什么让你压力这么大，四处看一看，留心大自然、你的呼吸或者任何其他能吸引你的积极的事物，把你的注意力从压力转移到感官上，你能看到、闻到、摸到什么？当你感觉自己回到了当下，再次深呼吸，回去接着做你要做的事情。关注平淡无奇的当下这一刻，或许就能让你以全新的心境继续前行。

提醒！

积极地活在当下的原则 #3

随时消除负面影响，这是一条很重要的积极地活在当下的原则，但在有些情况下，这一点很难做到。如果你无法消除负面影响，就试着从负面影响中走出去。

3. 安排时间进行冥想

也许冥想会让你联想到瑜伽修行者扭曲身体、暗自哼唱的场面，但你不必如此。当你的世界看似永无宁日的时候，把冥想当作寻求宁静的一种方式。其实就是静静地坐着，避开令你分心的事情，让你头脑中喧闹的一切平静下来；不需要比这更深入心灵。如果你难以平静下来，可以想一个能让你感到平静的词，让你的"心灵之眼"盯着它，注意力只集中在你想象的这个词上；或者把目光锁定在前方那面墙的某个点上，让其他的想法都随风而散；或者全神贯注地体会你的呼吸，通过鼻子慢慢地吸气，然后通过嘴巴慢慢地呼气。无论上述哪种方法适合你，只要有机会就去练习，哪怕一次只做五分钟。

4. 吸入镇静性气味

即使你整天都忙个不停，很难有时间坐下来，你也可以使用镇静性的气味为你的家营造一种宁静的感觉。洋甘菊、西番莲、缬草根、高丽参和薰衣草是几种常见的镇静性香料，尤其是薰衣草，据说能缓解焦虑、使人平静。试试在门口放一束薰衣草，这样你一回家就能感受到心灵的宁静；或者在你终于把孩子哄睡了，坐下来独享夜晚时光的时候，点一支薰衣草香薰蜡烛。

付诸实践！

打造一个放松自我的仪式

每天都做一次放松自我的仪式，这是避免产生家庭压力的一种极好的方式。关于如何打造一个理想的仪式，我给出如下建议：

为你的仪式选择一个你基本每天都会有空闲的时间。也许最好的选择是下班后刚进门的那段时间，也可能睡前更适合你。

选择一项不会耗费太多时间或精力的活动。例如，走进门，换掉鞋子，穿上运动衫，读十五分钟的书；或者在睡觉前，涂一些薰衣草乳液，泡一杯洋甘菊茶，听几首柔和舒缓的曲子。

无论你选择做什么仪式，请至少坚持一个星期。刚开始，你可能很难把它看得比做家务更重要，但是一旦坚持了几天，你就会开始真正地享受一点一点的持续性专注带给你的喜悦。

如果这个仪式开始变得乏味或者更像是一种义务而不能给你带来内心的宁静，那就是时候对其进行改进或尝试一种新方法了。

倾听
能抚慰
你心灵的
声音

付诸实践！

试一试这些助眠方法

你会失眠吗？试试这个我用了多年的方法：当你想要入睡时，把注意力集中在你能听到、能感觉到、能闻到的东西上。专注于你的这些感官，你就不会去想那些会让你清醒的事了。

如果你需要用体力运动来终结自己纷乱的思绪，就从脚趾开始吧，轮流收紧每个肌肉群并保持一会儿，接着彻底放松。把这项运动扩展到全身，收紧、放松身体的每个部分，直到头部；然后一次性收紧所有的肌肉，再一次性放松所有的肌肉。享受身体彻底放松所带来的感觉，这是拥有舒适睡眠的最佳方式。

5. 养（或借）一条宠物

有证据表明，抚摸宠物可以减压甚至降血压；在某些情况下，照顾宠物甚至有助于克服抑郁带来的不良影响。宠物不仅能无条件地爱自己的主人（猫咪蜷伏在你的腿上；狗狗一见到你回来就会非常兴奋），也能提醒你关注当下，因为它们总是活在当下。它们非常可爱，哪怕你刚刚度过灾难性的一天，它们也能让你的脸上挂满笑容。显然，不是每个人都适合养宠物，毕竟，养一只宠物伴随着责任和时间的投入，但你不必亲自去养宠物，也同样可以享受它们带来的福利。你可以主动提出为朋友或家人照顾一段时间宠物，或者去当地的动物收容所看看那里是否需要义工陪动物们散步或者玩耍。

6. 把睡眠作为最重要的事

要想减压，睡眠绝对地毫无疑问地是你能做的最重要的事。如果睡眠不足，你会脾气暴躁、思路不清，吃一些不会提供给你积极能量的东西（也可能我是唯一一个累了就吃垃圾食品的人）。你的睡眠越少，你就越容易犯错误、起争执，反正就是不开心。大部分人都有适合自己的个体化的睡眠时间，睡眠过多，我们会感觉暴躁；太少，我们则会感觉眩晕、头脑断片。有大量的应用和工具可以帮助我们监测自己的睡眠习惯，甚至帮助我们推算出自己理想的睡眠时间。习惯很重要，试着每天晚上在同一时间上床睡觉，每天早上差不多同一时间起床。哪怕诱惑再强烈，也要尽量坚守最适合你的睡眠和觉醒时间表。在每个晚上，你只有几个小时的时间可以在家里度过或者陪陪心爱的人，所以做到这一点很难，但你应该把拥有正常的睡眠作为令内心平静的重中之重的方法。

睡眠是自爱的一种方式

与坏脾气为伴

无论你的孩子、配偶或同住的人平时是多么的温柔可亲,你总会遇到他们脾气火爆的时候(或日子)。你度过了阳光明媚、精彩的一天,但是有可能一回到家就碰上了一整天都不顺心的人。待在充满负能量的人身边,你如何才能做到积极处事呢?当同住的人痛苦万分的时候,你又如何才能安然享受个人时光呢?无论是我们还是他人具有坏脾气,都不利于打造让你积极地活在当下的家庭环境。但它仍是生活的一部分,即使是最积极的人也有心情不好的时候,这没什么大不了的。记住,积极地活在当下并不意味着每一天每一刻都要开开心心,而是要以积极的、关注当下的方式应对每一种情形。当你身边的人并不是那么积极的时候,如何充分利用家庭时光呢?下面给出五条建议。

1. 带着爱意讲话

和消极、尖刻或不友好的人沟通时,很难不用与他们相似的语气说话,用别人对我们说话的语气回应别人几乎是一种本能——但这只会让情况变得更糟。这时,你要提醒自己你碰上了别人不顺心的时候(这段时间也许是一会儿,也许是一天或者更长），在回应之前先停顿一下。深呼吸，从一数到十，然后告诉自己你可以选择积极的心态，而这个选择在这一刻会给你带来好的结果。带着积极的心态，用友好的字眼、友爱的语气做出回应，或者至少用平和的方式回应。你带入对话中的消极情绪越少，这段对话就越容易从消极转变为积极。如果真的很难和气地说话（因为有可能某个人的脾气真的非常坏），就试着与对方保持距离。什么都不说比说一些不友好或者让人生气的话好得多。

2. 转变你的下意识的反应

不要马上回应坏脾气的人的言语或行为，先想想自己下意识的反应是什么，然后想象一下自己做出与之相反的回应的情形。例如，如果你下意识地想大喊大叫，就想象自己用温柔、平静的语气说话或者给他们一个拥抱。虽然这样做很难，但做出与你想做的截然相反的反应可以促成你与对方更加积极地互动，而且也会帮助你保持内心的平静和坦然。需要注意的是，这一点并不适用于你本来就想用积极的语气说话的时候。永远不要转变你积极的反应！

3. 不要觉得这是针对你的

想象一下，虽然别人不温柔的语气、不友好的字眼都是针

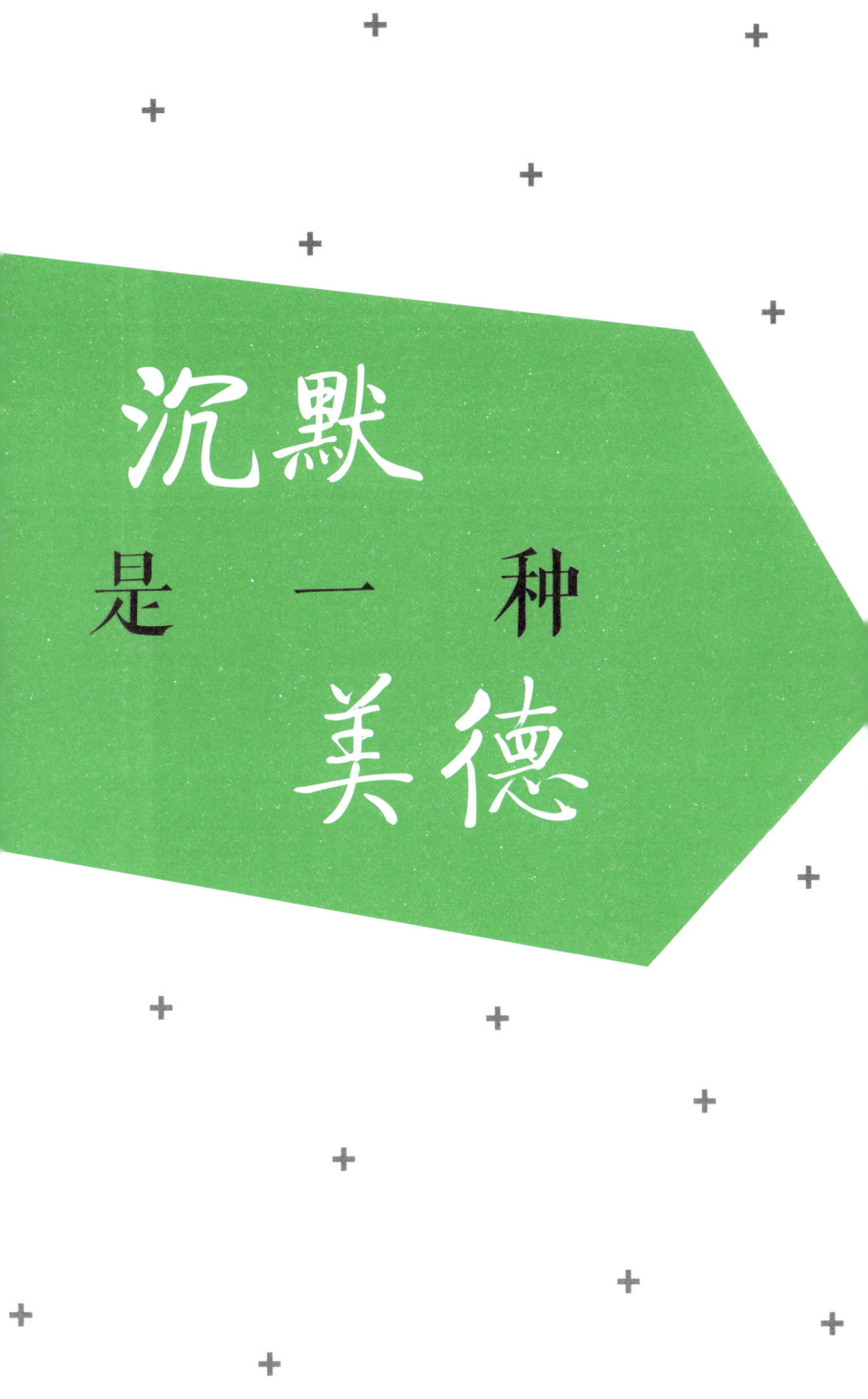

对自己的，却不把它们看作是针对自己的。这需要很强大的人格力量。但退一步讲，想想当你不顺心的时候，你的感觉如何，你也许也会对同住的人不那么友好或者有些暴躁，但你知道这不是针对他们的，你只是累了、沮丧了、难过了，或者三者兼有。请记住，我们往往会对最爱最亲近的人发火。或许这能帮助你不那么在意其他人的负面影响。

> ## 提醒！
>
> **积极地活在当下的原则 #4**
> 热爱并欣赏自己。不要太过忧心别人在想什么，他们为什么表现得这么消极。给自己保持积极心态的机会。

4. 关注自身

通常，当我们脾气很坏的时候，最不想听别人问的问题就是"你好吗？一切都还好吧？你为什么心情不好？"与其在得知别人情绪不佳时连珠炮般地向他提问，不如把他的坏脾气看作是你需要后退一步的征兆。花些时间独处吧，拿起一本书去另一个房间阅读，或者好好泡个澡来放松自己，或者给很长时间没有联系的一个朋友打个电话。这样你就能避免被他人的负面心态影响，也能给予他人空间厘清他们正在经历的事情。

5. 设定一个暗号

当有人问你"你现在心情不好吗"，你会不会大吃一惊？有时候，坏脾气悄然出现，我们甚至注意不到它的存在。和同住的人商量一下，设定一个暗号，你们都可以用它来向对方表示："嘿，你好！你现在脾气有点坏，我不知道你是否意识到这个问题了。我要和你保持距离，但如果你需要我，就来找我。"你们可以选用另一个词，在你知道自己脾气很坏的时候用以预警他人。暗号能使人产生共鸣，从而避免火爆场面出现。它们还有另外一个好处：当你发现自己对其使用次数过多时，你就知道自己或其他人的生活中有太多消极的时刻了，或许是时候好好想一想坏脾气出现的原因，并做出必要的改变了。

付诸实践！

制作一个"坏脾气同伴"盒子

和一个坏脾气的人同住会让自己难以保持积极的心态，应对对方偶尔的坏脾气的好办法之一就是提醒自己为什么喜欢和这个人住在一起。为了做到这一点，你可以制作一个"坏脾气同伴"盒子。

找一个小盒子，裁一些小纸片放在盒子旁边。每当这个坏脾气同伴做了什么让你喜欢、让你觉得幸福或开心的事情时，就把它写在纸片上，然后放到盒子里。

当这个人对你发脾气的时候，就看一看盒子里面的纸片，提醒自己为什么和这个人住在一起是一件这么棒的事。你会开始感恩你们一起度过的那些积极的时刻，也会提醒自己对方的这种情绪只是一时的。

你可以定期清理盒子，把盒子里所有写着同住的人为什么这么棒的纸片贴在剪贴簿里。访问 **danidipirro.com/books/guide**，免费下载"坏脾气同伴"表单。

拥有一种居家爱好

在我人生的每个阶段里，总有一两个爱好——从做拼贴和音乐混音到阅读、插图、设计和照片分享。即使你感觉自己要做的事情已经够多的了，爱好还是能带来许多好处，我在下一页列出了七个。有什么比做自己喜欢的事更能让自己放松的呢？这些事你可能没有机会在办公室或学校里每天做。有哪个地方比家更适合做这些事呢？尽管非居家的爱好也能给你带来益处，但在家里，只要有时间，你就可以投入到你的爱好中去，这样你更有可能将这个爱好坚持下去。我有过的每个爱好都能让我关注当下，因为它们带给我积极、激励的感觉。热衷于某个居家爱好的时候，我不仅在和自己、和自己喜欢做的事情，而且和我住的地方之间创造出一种紧密联系。

如果你还没有一个爱好，在日程表里加上这项任务似乎会让你感觉又多了一个待办事项，从而有点不堪重负。下面我给出几条培养居家爱好的建议，它们会让你收获惊喜。

1. 做一件你喜欢的事情

花些时间思考你在家里喜欢做什么，读书、写东西、画画、

爱好的七个好处

爱好对你的身体和心灵都很有好处，因为它能——

1. 鼓励自己有目的地休息一会儿。爱好能让你从乏味的日常生活中抽出身来，但它又是行为导向的，所以它使你在放松的时候，也可以拥有成就感。

2. 排解压力。它能吸引你全部的注意力，把精力集中在与生活中的压力无关的积极的事情上。

3. 提供积极的挑战。它鼓励你发现能激发你产生兴趣的新想法和新活动，而且没有工作或学业的压力。

4. 连接你和他人。即使你的爱好是单人活动，你也能找到与你兴趣相投或欣赏你这么做的人。

5. 促进身体健康。在心情不好的时候做感兴趣的活动，有助于你提高积极性，减少抑郁，降低血压。

6. 让你活在当下。做一项你非常喜欢的活动时，时间会神奇地飞逝。你会发现自己不忧虑未来，也不耽溺于过去，而是完全投身于现在。

7. 产生"良性压力"。这是一种积极的压力，能让你为所做的事情和所过的生活感到兴奋。

做模型、玩拼图、烹饪、编织、做针线活儿、剪贴、跳舞、唱歌等都是很好的选择。你也可以上网搜一搜，或者问一问朋友。如果没有什么事情能马上吸引你，别担心。保持开放的心态，尝试几个爱好，看看你在做的过程中有何感觉。如果你找到了喜欢做的事情，就坚持下去。你越是喜欢你正在做的事情，就越有可能珍惜并享受做这件事的时间。

> **提醒！**
>
> **积极地活在当下的原则 #6**
> 留心能鼓舞你、让你感觉特别有活力的活动。当你找到吸引自己兴趣的活动，就把它作为重中之重。

2. 多参与小组活动

我是一个内向的人，喜欢独自做事，但如果你觉得一个人活动的爱好可能会占用你与同住的人相处的珍贵时间，可以考虑做你们都感兴趣的活动。烘焙和棋盘游戏都是不错的家庭活动，而家庭读书俱乐部既有个人阅读时间，又有小组讨论时间。小组活动不但能提供某个爱好具有的所有好处，还能让你和心爱的人或同住的人有机会互动。

3. 关闭电子设备

活在当下的大敌是分心,所以在做你喜欢的活动时,请关闭手机、邮箱、电视和其他可能让你分心的电子设备。如果这个活动的进行需要某种电子设备(例如,你的爱好是写诗,而你需要在电脑上打字),请关掉网络,这可以避免你分心。

4. 为你爱好的活动做好时间安排

每个人每天都有许多必须要做的事,很难再抽出时间来做一件并非必不可少的事,所以最好为你的爱好预先做好时间安排。把它写在日历上(哪怕一个星期只为其安排半小时或一个月只为其安排一小时),就像要去参加某个重大会议或要赴一个约会那样。这样,你会重视它并提醒自己你的爱好和其他任务一样重要——事实上,它的确比大部分任务更重要,因为它能真正地帮助你积极地活在当下。然而,不要过于关注时间安排而抹去了所有顺其自然地发生的可能,例如,你可以不时抽出五分钟做你喜欢的事情,在洗澡的时候唱歌,在卧室里跳舞,或者静看云卷云舒。

5. 开启基于爱好的新项目

如果你和我一样,你会逐渐爱上你的爱好,但这并不意味着你要等着它变得乏味或仅仅成为习惯。每过几个月,你就可以启动一个基于爱好的新项目。例如,如果你喜欢做飞机模型,那你可以试试做一栋玩偶之家;如果你喜欢读自传,那你可以尝试一下历史小说;如果你喜欢素描,那你可以看看自己是否喜欢涂色。通过启动新项目,你能保持自己的兴趣水平和关注范围,还能扩增自己的才能,并激励自己用新的激动人心的方式思考问题。

> **付诸实践!**
>
> *寻找你的爱好*
>
> 如果你已经有了某种居家爱好,那很好。如果你还没找到自己的爱好,或者想拓展新爱好,或者想让某个已经变得乏味的消遣获得新生,那么下面的问题很适合你。
>
> 1. 你小时候最喜欢什么活动或消遣呢?你最喜欢它的哪一点呢?你想再试一次这个活动或消遣吗?
>
> 2. 如果你有一整天不会被打扰的时间,你想做什么呢?
>
> 3. 你最理想的工作是什么?有可能把这份工作的某些方面转变成一项爱好吗?
>
> 4. 你见过的别人喜欢的活动中,有没有哪个是你一直想尝试的呢?
>
> 你可以访问 danidipirro.com/books/guide,下载这些问题的可打印版以及你可能感兴趣的活动列表。

第二章

在工作中,积极地活在当下

第二章　在工作中，积极地活在当下

> "工作"不仅是一个名词，还是一个意为"尽己所能"的动词，而这是有原因的。工作——无论你喜欢、讨厌还是不在意——都需要你尽力而为。工作的特别之处在于它不是一锤子买卖，至少对大部分人来说，工作是一周五天、一天至少八小时的事情。如果你不喜欢自己的工作，那你的大部分工作时间都会变得非常有挑战性。我有过这样的经历。我做过几份自己绝对看不上的工作，尽管我经常从一些优秀的同事那里看到一线希望，但我还是无法忽视自己每一天都过得苦不堪言的事实。有几个晚上，我甚至是哭着入睡的，因为一想到第二天醒来又要去工作就感到紧张万分（我知道那时的我没有做到活在当下）。在这一章里，我会告诉你积极地活在当下的理念会如何帮助你充分利用任何工作情形，如何应对你不可避免会遇到的不好相处的同事和令你压力山大的状况，并展现你的技能，开创出让你有动力起床的事业。

如果你热爱自己的工作（这种工作我也有过），你或许已经知道了我花费一些时间才学到的事：你的工作很棒不代表你的工作内容也很棒。是的，做自己喜欢的事能带来纯然的快乐。当我环顾自己小小的家庭办公室时，我常常会想："能做自己喜欢的事情实在太幸运了，感觉太棒了！"但是有些时候，做自己喜欢的事情是个苦差事。无论你从事什么工作，当你长时期地做它，都很难保持积极地活在当下的状态。

你也许会想："要是我换个工作就好了。"或者："要是我不用和老板打交道就好了。"或者："要是那个烦人的同事辞职就好了。"但你真的想这样眼巴巴地等着情况发生改变吗？有些事情的发生确实是需要等待的（例如一份新工作或晋升机会是不会突然出现的），但有一件事你可以马上改变，那就是你自己的态度。

我不会骗你说："工作的时候，很容易做到活在当下。"但积极处事、关注当下的艺术你掌握得越好，就越能变得高效、积极、有创造力，并且你可以利用这些成效和动力去提升你当前的事业甚至开拓新的事业。

充分利用你的工作

你有一份工作！这太好了！它也许并非你理想化的工作，甚至都不是你在职业道路上希望拥有的，但它是一份工作，这就值得你为之骄傲了。虽然如此，工作的时候，你还是会发现关注当下、保持积极的态度有点难以做到。毕竟你是在工作而不是在玩乐，也许你要听从别人的命令，也许你要命令别人（这并不像听上去那么有趣），也许你的身边不光有一些易相处的人，还围着一些坏脾气的人。从上下班通勤到待办事项到你的私人生活，很多细节都会影响你每一天的工作体验。每个工作日都会受到方方面面的影响，难怪在办公室里（或你工作的任何其他地方）充分利用时间是那么难。

工作是什么？

在这一章里，我经常提到的工作是指那种标准的朝九晚五的工作，即有办公室、老板和几个同事的那种工作。但如果你的工作情形不同，不要觉得这些建议不适合你。你可以把这些策略的大部分用到任何一种工作，甚至生活中去。所以，无论你在做什么工作，无论你是全职妈妈、会计、电工，还是养蜂人，都请读下去！

无论你是热爱自己的工作，还是希望有所改变，充分发展事业的最佳方式都是充分利用你现在的工作。你越是欣赏自己每天的工作体验，就越能享受在工作场所度过的每一分钟；而你越是享受工作中的每一分钟，就越能整天都保持积极地活在当下的状态。这是一个良性循环。记住：人以群分，积极的人吸引积极的人。如果你致力于把每天的工作体验都变得积极起来，努力地活在当下，你会认识和你有着类似心态的人，甚至开始对他人的心态产生积极的影响。和志同道合的同事一起工作是一种很好的度过一天的方式。下面我将自己最好的建议倾囊相授。

提醒！

积极地活在当下的原则 #5

怀着一颗感恩的心，把你的工作看作是每天都能学到新东西的机会。新的领悟潜伏在你的工作场所的每个地方，接受它们并感恩吧。

1. 在工作中学习

即使你不爱自己的工作，你也可以从中学到一些东西。任何工作，无论你喜欢它还是讨厌它，都能教会你坚持（一直到最终把事情做完）、合作以及如何克服挑战。和他人相处也许不是你的选择，但它能教给你很重要的人际交往能力，例如，如何与和自己看法不一致的人合作、谈判、妥协？如何与想和你闲聊一整天的人一起把工作做好？从同事那里接收到的众多观点和理念打开了我们的视野，让我们以新的方式思考问题。每天，当你走进办公室之后，都请敞开心扉，从你的工作和工作环境中学习所有你能看到的、听到的积极的方面。

2. 休息一下

在工作中休息，这听起来有点像是自相矛盾的说法，但在工作的时候，定时休息有助于提高工作效率。给你的身体和心灵一个休息的机会，哪怕只有几分钟，也能使你恢复推理能力，帮助你从新的角度看待问题，甚至可以使你更具创造性。如果你的工作需要久坐，那请你每个小时都站起来伸伸腿。短暂的休息有助于你保持积极的心态，例如，花几分钟读几页书或用一两分钟浏览某个鼓舞人心的网站。无论你有多忙，都尽量不要在工位上吃午餐。午休的时候，走出你惯常的工作场所，换一换环境，吃一点美味而有营养的食物。

3. 改善你的通勤体验

在一个理想的世界里,我们在距离家只有几步远的地方工作,那么堵塞的交通、拥挤的班车和颠簸的行程就不会在新的一天开始的时候影响我们。然而,在现实世界中,大部分人都要赶路上班——至少有些时候需要这样,因为即使是在家工作的人也有外出参加会议的时候——一段不愉快的通勤经历能严重地破坏哪怕是最积极的心态。你可以通过以下方式中的一种或几种使你的通勤经历变得尽可能地愉快。

- 早点或晚点出发以避开高峰期。
- 选一条风景优美的路线。
- 经常更换路线以保持新鲜感。
- 和同事拼车(聊天能让时间过得更快)。
- 在路上听有意思的有声读物。
- 用香料来放松。买一款具镇静性的车用空气清新剂,或者在包里放一个薰衣草香囊。
- 存一些能让你放松、心情愉悦的歌曲在路上听。
- 为上下班的路程准备一些吃食——可以在上班路上拿一杯茶,或在下班路上备一块巧克力。

倾听你的内心，大声地说出自己的想法

4. 说出你的想法

当你在办公室里说出需要说的话——例如，对别人提出建设性的批评意见（当然要态度友好地提出），在会议上提出自己的想法，或者对你明知道是不对的事提出质疑而不是保持沉默——你就在有效工作的同时也提升了自己的自尊心。大声地说出自己的想法，是一种在工作场所宣示你对自己的工作角色具有自主权的方式，它能让你感觉到你对自己的整个事业都具有一定的掌控力。你也可以鼓励他人把自己的想法大声地说出来，从而促成同事间健康、坦诚的谈话，让其他人也觉得自己正更加积极地活在当下。

5. 主动向他人提供帮助

帮助其他苦于完成工作的人不只是一件友好的事情，还是一种和同事建立积极关系的好办法，哪怕你只有三十分钟的空闲。而积极的同事关系能营造出更令人开心、更有成效的工作环境。主动帮助在你平时的工作圈之外的人——也许是办公室的新人，也许是你觉得很难相处的人——是一种建立关系的尤为积极的方式，你们双方在将来都有可能从中受益。毕竟，谁知道再过几年之后，你们的工作路径会不会有交集呢？

6. 寻求他人的帮助

寻求他人的帮助不是软弱的表现，更不能说明你做不好自己的工作。相反，它体现了你有勇气和自知之明，是另一种和你的同事建立积极关系的方式。它能打开沟通的闸门，告诉其他人你不会因为太爱面子而不承认自己做不好所有的事。寻求帮助并得到帮助能为你减压，让你对自己的工作和工作场所产生积极的看法；而较小的压力和积极的体验可以使你工作起来更有成效。

7. 改变旧的工作习惯

如果你做一份工作已有一段时间了，你或许明白自己很容易养成习惯性的工作安排和模式。想想你在办公室里有哪些行为习惯吧，也许你总是早早就到达开会地点，而其他人总是姗姗来迟，这让你很不爽；也许你刚开始一天的工作就感觉很疲惫，因为你不确定要从哪件事入手。把你的工作行为模式列出来，看看哪些模式会对你保持积极的心态有消极影响。现在想想怎么把这些消极的习惯转变为积极的习惯。例如，利用别人到来之前的时间再过一遍你的笔记；或者，在一天的工作结束的时候，按轻重缓急把第二天要做的事情列出来，这样你就知道第二天需要先做什么了。也许还有一些习惯是不会给你带来任何压力的积极的习惯，也请你试着做一些改变吧。例如，用喝茶代替

付诸实践！

让工作变得有趣

我知道，"工作"和"有趣"听起来像是完全相反的东西，但是请对此保持开放的心态（这也是积极地活在当下的第一条原则！）。下列建议能帮助你和同事们搞好关系，把你的工作环境变成一个有趣的、更好沟通的地方。如果需要的话，请向老板和人力资源部门寻求帮助。

- 每个月举办一次联谊会或聚会。最好在办公室里举办，这样每个人都能来参加。点外卖或者要求每个人带一份自己最喜欢的食物来参加这个聚会。
- 每个月随机挑选一名员工（例如，把所有员工的名字分别写在纸条上，放在帽子里，随机抽取），要求这个人准备一份个人档案来描述"我是谁"，然后在同事间传阅，要写上在他身上发生的有趣或好玩的事情。
- 天气好的时候，在外面开会，让大家有机会晒晒太阳，补充一下维生素 D，呼吸呼吸新鲜的空气。
- 开办读书俱乐部、聚餐俱乐部或者体育联盟（例如"保龄球之夜"），每个月举办一次活动。

喝咖啡；如果会议经常由你主持，换成由其他人主持；早上经过老板的办公室，不要径直走过去，而是伸进脑袋，打声招呼。

8. 不要为了工作而生活

或许你一生中的大部分时间都在工作，但工作未必是你生活的全部。把你在办公室之外的时间用于各种让你觉得充实、振奋的兴趣、爱好和关系往来。每天提醒自己生活中的这些部分决定了你是谁，并且给你力量，让你在工作中保持积极地活在当下的状态。每天离开办公室的时候，试着在心中抱有期待——去见心爱的人、做一顿饭、看一场电影、干一些园艺活儿或做其他能鼓舞你的事情。

如何与不好相处的人打交道

无论你是在人满为患的办公楼里工作，还是和几个人在单间办公室里工作，或者自己独享一间办公室，你和同事、客户间的互动都既可能是美妙的、令人灵感迸发的、鼓舞人心的，也有可能充满了令人郁结的情绪、竞争性和固执己见。不幸的是，负面的交际在许多工作环境中都很常见，因为工作需要性格不同的人聚到一起，完成一系列（往往会带来很大压力的）任务。在工作中保持积极地活在当下的状态，是能令你充分地利用工作中的紧张关系的关键。不愉快出现，有时候是因为你们中的某个人不顺心，有时候是因为你们的观点

> **提醒！**
>
> **积极地活在当下的原则 #2**
> 专注于自己的积极态度，觉察并愿意转变你的想法。如果你觉得自己身边的同事都是消极的，请记住，无论你身边的人是什么样的行为或态度，你都拥有选择以积极的方式思考问题的权利。

不一,有时候只是因为你和对方不合拍。你也许和与你有密切合作关系的人有矛盾;你也许正因为一个和你几乎没有交集的人的不良习惯而心生不快(告诉你们,以前和我共事的一个人常常在工位上修指甲,这太不雅了);你也许正忍受着一个专横且事无巨细都要亲自过问的老板的折磨。

不管你是否喜欢,你的工作都可能在很大程度上涉及与他人的互动,所以你需要日复一日地与身边的人搞好关系。即使你喜欢和你共事的人(希望如此),你也一定会不时地面对一些不顺心的日子或情形。哪怕是你最亲密的伙伴,有时候也会发脾气、犯懒或惹你生气。如果你试着去改变他人的行为,那你很可能会懊恼而归。不如管控自己的反应,试着从周围的人身上发现他们的优点,调整心态,为自己打造一个惬意的环境。你会发现保持积极的态度(不去逃避和你共事的人)会有助于你完成工作任务,达成事业目标。每个令人火大的人或行为都是你培养耐心和同情心的机会,而这两种品质能促使你心态更积极,更关注当下。以下是与不好相处的人打交道的几点建议:

1. 关注你自身

其他人的行为、举动和反应能深深地影响你的感觉——但只是在你允许如此的情况下。下一次当你处于一个令你沮丧的处境中或是和一个令你火大的人待在一起时,请问自己如下的问题:"我的身体是如何对他人的情绪进行反应的?""我希望我的身体如何反应?""对于这种情况,我的真实想法是什么?""我怎样才能多关注我自己的想法,而不是他人的想法?"你拥有关

你总是可以选择
积极的心态

你的身体告诉你什么?

注自身，并随意转变自己的心态的力量。无论别人在做什么，你都可以选择避开他们的消极影响而关注自身的积极性。

2. 找到你的咒语

这里的咒语是指你在焦虑的时候重复对自己说的一个关键词或词组，它在你和难以相处的人打交道时很有用处。不要默默地承受来自他人的负面影响，把心念集中于一个能代表你想要有的感觉（例如积极、冷静、安心等）的词，当你因别人而沮丧或崩溃的时候，在心里默念这个词。你的咒语鼓励你去关注内在的变化，而不是外在的因素，让你能全身心地投入当下这一刻，并能继续与你的同事打交道，无论他们的行为是多么无礼。

3. 转移思想

少许负面的影响是容易忍受的，但如果负面性太大或事情的发展超出了你的控制，你可以让自己的头脑休息一下，把精力转移到别的地方去，想一想那些让你平静和开心的事情，例如你度过的最开心的那个假期，风拂过你的头发或脚踩在沙滩上的感觉。这并不是说一旦情况复杂起来，你的头脑就要开小差，但让它去一个更积极的地方待一会儿是可以的。你也要敢于对工作叫停。如果你觉得负面影响多到让你难以承受，我建议你停下来去喝杯咖啡。这样当你重新开始和对方沟通的时候，你的情绪能变得更有利。

4. 明白事情是可以改变的

想想你生活中其他方面的关系，它们会有起起落落，对吗？工作关系也是如此，现在你觉得难以相处的人，在将来可能会变成你最亲密的伙伴（或者他们至少会变得令你可以忍受）。人们之间的相互关系受很多因素的影响，例如你的私人生活近来如何，正在开展的项目的情况，等等。当你或别人的生活发生了变化，你们之间的关系也会发生变化。这并不是说所有的关系都会发生变化，毕竟有些关系永远都不会变得完美，但想一想有一天你和各种各样的人之间的关系会变得积极的可能性也无伤大雅。考虑这个事情可能有助于改善目前的情况。

5. 找到积极的后援

积极的情绪具有感染性，所以找一个对你做的事情同样感兴趣（或让你对你做的事情感兴趣）的同事。当你遭受负面情绪的影响时，试着去找一个积极的工作伙伴来帮助自己恢复元气。如果你知道一会儿要去见挑剔的老板，那就约一个比你更乐观的同事在你见完老板之后一起喝咖啡。如果你是自己单干，那就在与供应商或客户、买家的不愉快会面之后，安排一个能让自己重新爱上自己的工作的活动。你对新成交的交易心存感激吗？写一封感谢信给对方吧。你想变得更有条理吗？花些时间整理你的桌面吧。或者只是做一些能令你感觉很好的积极的事情，如尽情享用一块巧克力，出去呼吸新鲜空气或者给朋友打个短电话，都能让你的心态变得更加积极。

付诸实践！

玩积极性加分游戏

你无论在什么时候发现自己难以与不好相处的同事打交道，都可以玩这个积极性加分游戏。每当你发现某个不好相处的同事的身上有积极的一面，你就可以得一分。例如，你的同事过于挑剔，这快要把你逼疯了，但她在有人过生日的时候，却能做出极美味的蛋糕。为了让这个游戏更加刺激，你可以每满十分就给自己一份小小的奖励，如一杯咖啡或者一块下午茶甜点。

好的情绪
是有感染力的

挺过压力巨大的一周

你很可能已经体验过"一年中压力最大的一个星期",或许是为了准备一次即将到来的重要演讲,或许是要和一位重要的客户进行一场孤注一掷的会面,或许是要完成很多很多的事情。你知道我在说什么吧,在这个星期,生活中只有头疼、麻烦、不幸和坏脾气的同事。在这个星期,你会说:"得了!我这次真的要辞职了!"但你很可能不会辞职,因为在这周结束的时候,你更有可能觉得这些工作其实并不是那么糟。

让小事随风去

你最糟糕的这个星期也许是可预测的，固定发生在一年中的某个月或某个时间（例如税务会计在一个财年快结束的时候），也许是在你觉得一切尽在掌握中的时候，繁重的任务突然来打击你。无论压力最大的这个星期在什么时候、以什么方式出现，想要积极地活在当下，你都需要做好自我管理。首先，想出应对压力的最佳方式。是通过体育锻炼释放多余的能量，还是逃往内心深处平静的地方呢？如果你不确定什么是最佳方式，下面几个方法可以帮助你，并且使你活在当下变得更容易，无论在那一刻你的压力有多大！

1. 听其自然

这并不意味着拒绝做你工作中的大事件（例如，你还是要做那个演讲，即使你紧张得不得了），而是说让不那么重要的事情自然地飘一会儿。不要因为没有回复关于销售数据的邮件而恐慌，因为这些数据已经存在于市场里了；也不要因为没有收拾桌面而感到不安。当压力巨大的一周结束的时候，你会有时机跟进这些不太重要的任务。如果你担心会忘掉这些事情，就把它们写进日记里或记在任务清单中吧。

2. 休息一下，做个深呼吸

深呼吸对于保持积极的态度和充分利用每一分钟是必不可少的。如果你能经常调整自己的注意力，你会更专注于手上的工作，哪怕这些工作给你带来了压力。到楼下的小区里转一圈，或者坐电梯到顶楼看一看天空。如果你没有时间休息，请深深地吸口气让自己平静下来。你的老板又扔给你一个大任务？请深吸一口气。你主动提供帮助的时候，同事竟然冲你嚷嚷？请深吸一口气。你收到一封令你火冒三丈的邮件？请深吸一口气。这个简单的小动作也可以极大地帮助你回到当下。

3. 和身边的人搞好关系

你是唯一一个与巨大的压力做斗争的人吗？还是你的同事也有自己的压力要应对呢？如果是后者，那就把这个星期看作是和同事建立联系、搞好关系的机会。和同事们为你们所承受的巨大的压力而互表同情，甚至在一起嘲笑自己正处于如此的困境之中，或者用新的方式把乏味的任务变得有趣，例如来一次轻松愉快的竞赛，把数据输入的任务分配给每个人，看谁最先做完。有压力的环境往往会令人滋生烦躁和不满，但只要持有正确的态度，你就能把消极的状况转变成积极的关系。

4. 为别人做你力所能及的事

我知道你的压力很大，你可能会想："别人应该为我做力所能及的事情！"然而，为别人做力所能及的事，例如问候一下对方的近况或为他扶一下门，即使是这么简单的事，也能让你感觉良好、情绪高昂起来，而心情上的一点小小的变化也能给你减压。

> **提醒！**
>
> **积极地活在当下的原则 #5**
> 记得要怀有感恩之心，即使是在压力巨大的那个星期里。感恩你拥有的所有美好的事物（即使与工作并不相干），从而避开负面的想法。要知道，压力满满的这个星期只是你复杂而美丽的生活的一部分。

5. 一次只做一件事情

当你的任务清单上有十个任务（或二十个！）的时候，你或许会想在同一时间做尽可能多的工作，你或许会想："难道在网上调研的同时不能给客户打电话吗？"但是与其让更多的球同时飘在空中，不如花点时间把你要做的事情分个轻重缓急，然后按顺序一项一项地完成。忽略所有的打扰，一次只专注地做一个任务。研究表明，一次只做一件事情（而非多任务处理）

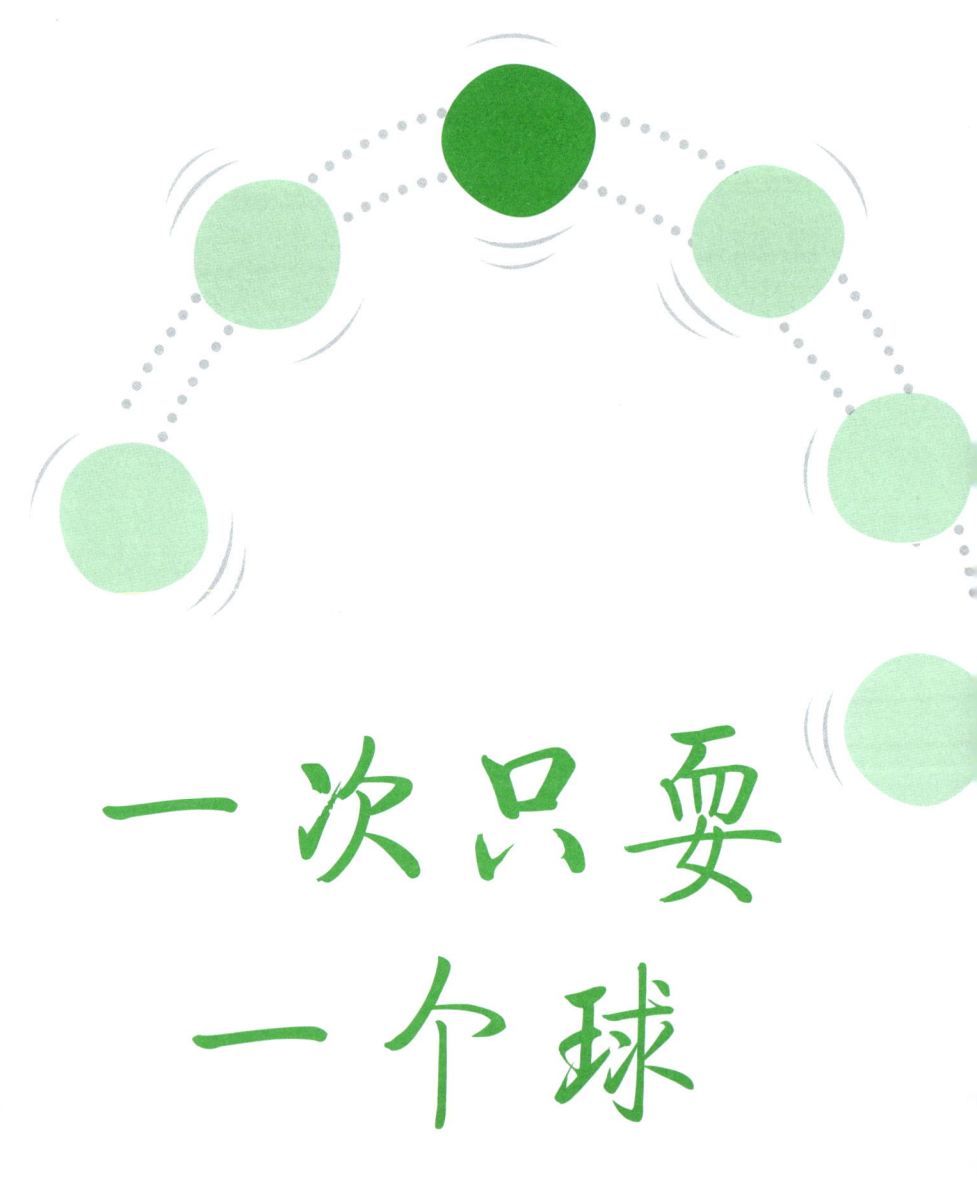

能更有成效地把事情做完,也能抑制头脑中那个让你慌乱无比的声音:"天哪!我今天有那么多的事情要办!!!"像杂耍那样同时抛接几个球会让你崩溃,而抛接一个球则会非常简单。

6. 专注于现在

现在的状况让你紧张万分,为什么我还要建议专注于现在呢?事实上,令你紧张的往往不是现在这一刻,而是"如果"。如果演讲进行得不顺利,该怎么办?如果不能及时做完这件事,该怎么办?专注于你要完成的任务(如刚才所说,一次只做一件事)并相信事情都会得到解决。即使有困难和挫折,你也要明白消极的态度对你不会有任何帮助,所以一直保持积极的态度、关注当下吧,这样你才会尽全力地帮助自己。

7. 感激工作中好的部分

不要让有压力的状况影响到你生活中美好的事物。专注于工作中进展良好的部分,无论是压力状况内还是压力状况外的。这个演讲很难,但你是不是做得很好呢?你是否敲定了一笔复杂的交易?你是不是曾以新的方式挑战自己?在任务繁重的一天里,你的老板是否曾对你说过鼓励的话?抽出一两分钟,把进展顺利从而帮助你正确地处理工作的那些事情写下来,从而提醒自己要积极地活在当下。

付诸实践！

重现最棒的一周

花五到十分钟写下你经历过的最棒的那个工作周，思考如下问题：

1. 那个星期发生了什么使得它是那么的令人愉快？
2. 都有谁参与那个很棒的星期？
3. 当事情进展得非常顺利的时候，你的感觉如何？
4. 你做了什么（或没做什么）从而使事情往积极的方向发展？

写下你的经验后，对自己重复说："这样的日子还会有。"目前这个星期你的压力超级大，但它还是有可能变成很棒的一周，让你感觉每一天都像阳光明媚的星期五。

关注工作中

那些好的部分

展现你的才能

也许你一周中的大部分时间都是在工作中度过的,所以把工作变成对生活起积极作用的事情是非常重要的。有些人幸运地拥有一份能帮助他们发掘和发展自己独特的才能和技艺的工作(例如整天作画的画家、雄辩的律师等),但对于大部分人来说,个人独具的才能和事业之间的联系并不明显,这就需要你在工作中主动地展现自己的才华。为什么说在工作场所展现技能和才华非常重要呢?原因有三:首先,你的技能通常是你喜欢或擅长做的事情,所以你能应用到工作中去的技能越多,你就会越热爱自己的工作,工作的时候也会更积极地把握当下;其次,你的老板和同事会注意到你在某些方面展示出的出色才能,从而交给你那些方面的工作;再次,让自己的才能得到认可是增强自尊心的好办法,而你的自我感觉越良好,你在工作中或其他境况中就会变得更积极、更有动力、更有成效。

展示你的技能不是表现自负,而是认可你的长处,是足够爱自己的表现,所以要毫不犹豫地和别人分享它们。觉察并展示自己的长处是一种自爱,不仅能让你的工作更好地进行,还能帮助他人并提升自我认识。如果你一直隐藏着自己的技能和才华，是时候把它们亮出来了，告诉那些和你共事的人，如果给你合适的机会，你能做到什么。下面是有助于你的一些建议。

1. 相信自己的能力

没有人比你更了解你自己，所以首要的是认识并相信自己。是的，你的同事或许会赞赏你的能力，告诉你你是一颗闪亮的星星，但在你相信自己值得这份赞赏之前，你不会相信他们的话。为了认清哪些是你擅长做的事情，在工作中尽可能地关注当下、关注自身，尤其是你能出色完成的那些事。

2. 照顾好你的身体和心灵

如果你觉得身体不舒服或者精神压力很大，你就无法充分利用自己的才能和技艺。尊重你的身体，留心它的感受并做出正确的回应。从早到晚不停地工作不但不利于健康，也不利于提高工作效率。在工作日当中你需要休息一会

> **提醒！**
>
> **积极地活在当下的原则 #4**
> 你很可能觉得自爱只是一种心境，但其实你可以通过善待自己的身体来热爱并欣赏自己。例如，保持良好的身体状态，吃健康的食物，正确地锻炼，及时休息。健康的身体还意味着拥有健康的心灵，而这能帮助你更好地展示才能。

儿，尤其是吃午饭的时候；晚上也要保证充足的睡眠；抽出时间来锻炼身体也是极好的，强健的体魄会增强你的自信心，从而鼓励你向他人展示你能做出何种成就。

3. 做自己擅长的事情

问问你的老板是否可以给你安排更多能凸显你的技能和才华的工作。例如，如果你数学很好，但你的工作主要是文件归档，也许你可以每星期去财务部帮一点小忙。抓住展示自己才能的每个机会。如果你只是口头上说自己有多棒，会显得你很自负，所以用行动而不是语言来展示你的才能吧。

4. 跨越现实障碍

对于你的上司而言，维持现状比承认你在别的岗位上可以做得更好要容易得多。不要因为这个而气馁！找到展示自己才能的方式。例如，你文笔很好，但你的工作很少涉及写作，那就自己办一个部门刊物并邮发给每个同事，或者开通一个专门发布与工作相关的话题的微博，把链接发给每个同事并请他们关注。你总能想出各种各样的办法让别人知道你的长处。

5. 做你感觉正确的事情

坚守自己的核心价值观（例如诚实、宽容），做真实的自己。展示自己的才能很重要，践行自己的价值观也同样重要。你可以以契合自己价值观的方式来突出自己的才能。例如，如果你的老板因为一个项目的成功而感谢你，你应该去感谢那些曾在这个项目上帮助过你的同事们，这样可以表明你对自己做出的贡献很有信心，同时也让你的团队知道你对他们有多感激和欣赏。

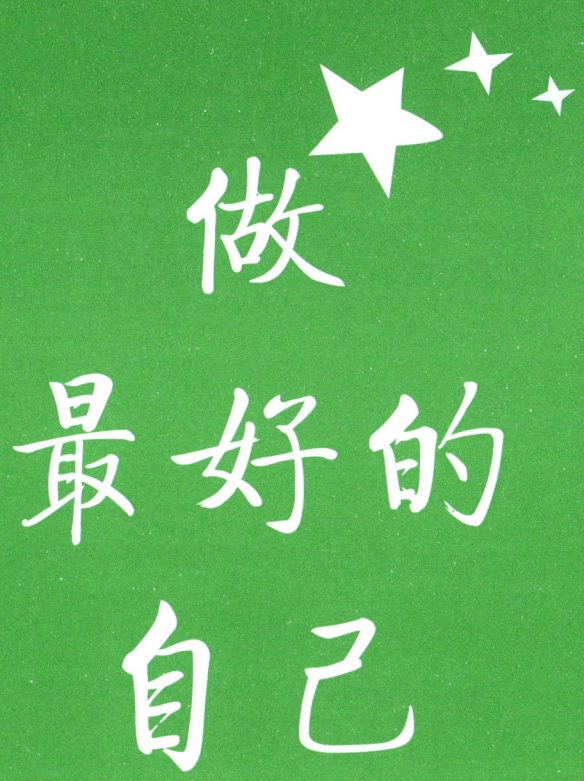

做最好的自己

6. 有风度地接受赞赏

不要回避给你的赞赏或是将其归于其他人。这份赞赏是你应得的，你值得拥有自己获得的一切，这会加强别人对你能力的认识。有风度地接受所有友好的话语和称赞，并提醒自己这些是自己应得的。

付诸实践！

写一本自夸书

记录下自己的才能和技艺，这很重要。你不必拿去和他人分享（至少不是马上）。买一个笔记本或在电脑上建立一个文档，把它分为两部分。在第一部分，列出你的才能和技艺（例如擅长沟通、有条理、准时等等）；在第二部分，列出你展示自己才能的具体情境或时机（例如搞定了一个大客户，在紧张的会议中保持积极的态度，或帮助同事解决了问题，等等）。

这本自夸书不仅能帮助你增强自信心，还能推动你的事业。如果你的老板问你，为什么要给你加薪，你的答案都在这本书里；如果你要接受一个采访，谈一谈你是怎么展示自己的才能的，那你可以在参加采访前，读一读这本自夸书。

利用当下打造你的事业

事业是一个有趣的词,它经常用来象征一份朝九晚五、让你在晋升的阶梯上攀登直到退休的工作。但今天,一份终生的事业也许包括一系列的工作,甚至有可能跨越不同的行业。事业不是线性的,所以你可以把它变成你想要的样子。无论你现在做的是什么,都是在为将来要做的事情打造跳板。

> **提醒!**
>
> 积极地活在当下的原则 #6
>
> 专注于工作中激励你积极地活在当下的地方。回想一下,当初是什么原因让你接受了现在的工作。因为人?因为钱?因为挑战性?用促使你接受这份工作的理由继续鼓舞自己。

如果你可以随心所欲地筹谋自己的事业,你会从哪里入手呢?你怎么从现在的位置努力到将来想要的位置呢?要想在将来开创出一份符合甚至超越你期待的事业,那就不要去关注你将来想要的位置,而要关注你现在所处的位置。关注当下让每一分钟都变得有意义,你在现在的位置上拥有越多有意义的瞬间，你在将来就会有越多的机会开拓自己的事业。即使你已经拥有了一份理想的职业，在工作中关注当下也能帮助你更好地应对可能发生的角色变化。要想开拓一份未来的事业，下面是你现在需要做的事情。

1. 问自己为什么

问自己："为什么我喜欢工作中的这些方面？为什么我不喜欢那些方面？"通过回答这些问题，你开始发现你真正想从自己的事业中得到什么。如果可能的话，每个星期都抽出一天问问自己这两个问题，这样你就能经常性地知道自己对工作的感觉。很快，你会发现什么活动、人或情况会让你对所做的事情感觉良好，什么会让你感觉不好。每周做一次内省，问自己诸如"为什么那次会议让我烦心"或者"为什么和客户打电话之后我的感觉会这么好"之类的问题。

2. 找到你喜欢的细节

你最喜欢目前工作的哪个方面？仔细地考虑这个问题，看看什么是你真正喜欢的。例如，你可能会想："我真的很喜欢和别人一起工作！"但是深入一想，你也许会发现自己真正喜欢的是和某个同事一起工作，你喜欢的不是所有人，而是喜欢每天与能鼓舞你的人单独相处。只有发现了真正激励你的细节，你才能好好思考你将来的事业需要什么。

3. 做更多激励自己的事

你正在做的工作对你积极地活在当下有帮助吗？工作中的哪些方面使你对要做的事感到兴奋？这并不意味着每次去工作的时候，你都要高兴得跳起来；而是指总体而言，你会觉得自己的工作很充实。在工作中找到至少一项你很喜欢做并且有用的任务，然后尽可能经常地努力去做。越是常常去想那些激励你的事情，你就越能从目前的工作中发现更多这样的事情。你不相信吗？试一试，看看会发生什么。你关注的东西，会越来越多地出现在你的生活中。

4. 评估你的本性

是时候谈一谈私人问题了。人们常常以为事业是一种和真正的自己（指在家中的自己）剥离的功能性存在。实际上，你是谁——你内心深处的本性，包括性格、精神状态、独特的能力和想法——在很大程度上决定了你享受工作的能力。自我认知对于事业走上正轨非常重要。例如，你也许想变得外向，但你真的是这样的人吗？你会不会更喜欢允许你独处的项目？你也许是一个善于交际的人，想要带领团队，但你会不会讨厌做出可能影响他人的决定呢？如果你的工作能展现出真实的你，让大家看到并喜欢你本来的样子呢？你怎样才能在工作中为此制造更多的机会呢？思考一下这些问题，你会更明白自己应该在工作中做出怎样的行动和选择。

付诸实践

将你的理想工作可视化

你想从事业中得到什么？思考一下你的事业的各个方面——老板、工作地点、工资、福利和自由等等，把这些条目写（或画或贴）在一张纸或纸板上，做成愿景板，放到私人性但你每天都会看到的地方。越是了解和关注你想要的东西，你就越有可能在现实生活中看到它。

即使是白日梦，也不要放弃。

把你喜欢做的事变成你的工作

生命短暂，不要把时间浪费在你不喜欢的事情上。做你喜欢的事是积极地活在当下的一种最有效的方式。你越是喜欢自己做的事情，就越热爱自己的生活；你越热爱自己的生活，就越容易把握住当下、关注积极的事物。

但是首先你要知道什么是你喜欢做的，关于这一点，你要知道得非常具体。对于我来说，最喜欢做的事一直都是写作。我早就知道自己想成为一名作家，多年来我的工作都与写作有关——但我从来没有喜欢过那些工作。我的的确确是在做自己喜欢的事情，但我却不喜欢泛泛的写作。直到我建立了 PositivelyPresent.com 网站，我才明白自己真正热爱的是什么——写关于如何积极地活在当下的内容，并帮助他人获得这样的生活。

弄清楚自己喜欢做的事是什么不一定那么容易，有时候要经过多年的尝试才能找到你每天都想去做的事。一旦你找到了自己喜欢做的事情，是否要想办法把它转变成你的工作，就取决于你自己了。如果想要这么做的话，你需要做出规划。关于如何实现从"有一份工作"到"做自己喜欢的事情"的转变，我给出了几点建议。

1. 画一张图

设想怎样才能从现在的位置努力到对你的职业生涯更积极的位置，这不仅会激励你前进，而且能为你指明方向。当你感觉自己的职业发展有些脱轨的时候，还能把你引回正途。你的地图不必是一幅图画，你可以只把实现目标的具体步骤列出来，但对我而言，更喜欢把自己的事业图像地图那样画出来。这张图上的要点可能包括真实的地点（例如去会计办公室咨询税务建议），以及你想拥有的心态、你认为自己应该戒除的习惯和为了做你想做的事情而需要去结识（或绝交）的人。

> **提醒！**
>
> **积极地活在当下的原则 #3**
> 在工作中，留心能导致消极思想、影响事业发展的心理障碍，随时消除这些负面影响。不允许自己对工作产生消极情绪，用开放的心态探索把白日梦变成现实的工作内容的方法。

2. 规划路径

从你现在的位置到你想要到达的位置之间极有可能不止一条路线。例如，假设你想成为一个平面造型设计者，你可以回大学学习，拿个这方面的学位，也可以在网络课程和工作室的帮助下自学。在每条路线上，都既有捷径，也有路障（如下所述）。选择正确的路线不只是规划好一条路径，还要知道哪条路最适合你。记住：最适合的路不一定是耗时最短或弯道最少的路。例如，走得太快也许意味着错过向他人学习或与他人搞好关系的良机。在到达目的地的旅途中的每个十字路口，都问自己："哪条路最适合我？"

3. 寻找路障

当你准备好了地图或清单，是时候扫一眼前方的路，看看是否会有路障了。在这里，路障指你可能遇到的所有的挑战。找出可能会有的挑战能帮助你提前做好准备，或者尽可能地避开它们。但是，不要花太多的时间思考可能会出的差错，也不要被前进路上可能会有的危险弄得心烦意乱，从而忘记了去细细地品味旅途中的每一刻。

4. 收拾好行囊

想象自己要为一次公路旅行做准备。你不会直接跳进车里，开车就走吧？好吧，有一些人确实是这样，我欣赏你们的一时冲动，但跟着感觉走这种方式不太适用于终生事业的规划。如果你要开始一段长距离的汽车旅行，首先要做的就是检查引擎和轮胎，给油箱加满油，准备大量的食物和水。同样，在职业生涯开始之前，想一想你需要带上哪些必需品以完成你的事业目标。你需要朋友和家人的星级支持系统来鼓励你前行吗？你需要一种抒发情感的方式（例如记日记）来挖掘新想法并获得灵感吗？你需要存一定数额的资金在你的储蓄账户里吗？是时候把这些必要的东西装进行囊了。最重要的是，请记住，大部分你需要的装备，例如勇气、决心、对目的地的向往，已经在你的内心深处了。

5. 不要偏离目标

即使你知道自己正向着喜欢的未来前进，做到不偏离目标还是很难。保持积极的态度，做好放弃有钱又有闲的工作的准备，你要迎接的是充实感体验。在达到让你觉得有灵感、有动力、有满足感的工作的路上，会有许许多多各种各样的挑战，这些挑战往往是为你量身打造的。把精力集中于你在旅途中的收获以及你学到和注意到的积极的事物上。专注于前方的路的另一种方法是制作一个能体现你未来的职业目标的愿景板（参见第88页的"付诸实践"框），用文字和（或）图像激励自己。用这种可视化的手段提醒自己想要达成的目标。无论什么时候你觉得自己可能要偏离目标了，就看一看愿景板，然后得到鼓舞继续前行。

付诸实践！

把自己塑造成品牌

如果你正在为做你喜欢做的事而努力（或者你已经在做自己喜欢做的事了），那么这个练习很适合你。把自己想象成一个公司的品牌，它应该能清楚地告诉别人这家公司的产品、目标和理念。利用下面的问题明确你的个人品牌定位。如果你不想把答案写在书里，可以访问 **danidipirro.com/books/guide**，下载可打印的版本。

- 你代表什么？（你这个品牌传递的讯息）
- 你的价值或能力是怎么形成的？（你这个品牌背后的故事）
- 你可以提供什么样的技能或想法？（你的产品）
- 你想做的事情会怎样影响他人？（你这个品牌的受众）

第三章

在人际关系中,积极地活在当下

第三章　在人际关系中，积极地活在当下

尽管我们的认知、行为和反应都取决于我们自己，我们身边的人还是会大大地影响我们看待这个世界、做事以及做出反应的方式。人际关系是生活中的重要方面，它往往会影响到我们是以积极的还是消极的观点看待这个世界。生活中存在太多不同的人际关系，每一种都需要一套独特的建议和工具。我们已经探讨过两种重要的人际关系——和同住的人的关系、和同事之间的关系，在这一章里，我们专门讨论非恋爱也非工作的人际关系，例如和朋友、家人、熟人之间的关系。

想一想你生活中重要的人，例如，你最好的朋友、你的妈妈、你的邻居，思考你和他们打交道时分别有怎样的表现和感觉。毫无疑问，你一直是你，但和不同的人交往会给你带来不同的影响，让你有不同的表现。和最好的朋友在一起，你会感觉心情愉快，会咯咯地傻笑；和妈妈在一起，你可能会觉得自己像个孩子；和邻居在一起，你也许会变得彬彬有礼却沉默寡言（或者冷冰冰的，因为他们还没有修补好破损的围墙）。关于人际关系，很棒的一点是它们能折射出我们身上众多而不同的方面，教会我们去热爱和欣赏处于不同伪装下的我们。

充分利用人际关系的关键是知道如何乐观地看待它们，这

样你的每次互动都会给你的人生带来积极的体验，哪怕这段关系并不完美。在这一章里，我们会更深入地探讨能确保你在人际关系中积极地活在当下的技能；你会学到如何更有效地沟通，欣然接受应酬繁多或孤身一人的状态，以及用"不"这个词实现积极的影响；你还会思考如何停止与他人进行无意义的比较，如何渡过人际关系中的难关，并且知道什么时候放弃不再对你的生活有积极影响的那些关系。

当然，本章中的有些信息、建议和技巧也适用于恋爱关系。你想解决的无论是恋爱关系还是纯友谊关系，请记住和你的情况相关的所有建议。不过，涉及恋爱关系的话，请你也读一读第四章，爱情美妙、神奇、复杂的本质值得用一整章来探讨。

有效地沟通

你有过因为沟通不良而导致事情出了差错或完全被误解的经历吗？即使你们说的是同一种语言、在相似的环境中长大或有着很深的情感联系——和他人沟通也出乎意料地（而且往往令人烦心地）艰难。这是因为每个人都是独一无二的存在，有着各种各样的经历、背景和看法，没有任何两个人能用完全相同的观点看待问题。尽管对于我们来说，与他人沟通是一次成长的机会，但它也有可能导致冲突和误解。

在追求积极处世、把握当下的生活中，你或许想避免沟通不良引起的不必要的插曲和争吵，把时间用到构建积极、健康的人际关系中去，在这种关系中，你能清楚、快速地理解对方的意思。这当然是你想要的，但并不是那么容易办到，对吗？即使对方是很了解你的人，要想实现有效的沟通也绝非易事。而有些时候，沟通的对象越是了解你，你们之间越是难以实现有效沟通。

无论如何，试一试下面的建议，你会更容易达成清楚、有效的沟通，从而避免人际关系受到不必要的负面影响。

1. 先想后说

如果有人问你问题，在做出回答或回应之前先等一下。短暂的停顿能使你想清楚自己要说什么或做什么，而且能极大地促进接下来的沟通的有效性。当你停顿的时候，你给自己机会以更好地理解他人的话语，理清自己真正的想法，并找到能准确表达自己的意思的用词。

2. 诚实坦率

如果你说的都是心里话，那沟通会变得简单得多。如果你毫不隐瞒自己的为人和想法，你就会赢得他人的信任，这样就能促成清楚、积极的双向沟通。当然，诚实并不意味着要说出你头脑中的一切，而是用说实话这种方式来增进你与对方之间的关系。例如，你不需要因为事实如此就告诉你的朋友她穿某件衣服时很难看，但你可以建议她换件衣服。

3. 沟通过程中不要仓促

你有没有过在很着急的时候放下一件东西（如钥匙、手机、钱包等），却又花了好像一辈子的时间去找它？仓促之中，我们会把东西放错地方——我们的言语也是如此。下次你和他人沟通的时候（无论是说话、写信、发信息还是发邮件），哪怕只是一次简单的日常沟通，也请放慢速度，留心对方说的每一

做出
反应之前
先思考

句话（不要猜测别人说了什么，而是要认真地倾听对方说的话，或仔细地默读对方写的文字），然后谨慎地回应。

> **提醒！**
>
> **积极地活在当下的原则 #4**
> 热爱并欣赏自己，在和别人沟通的时候，坚持自己真实的想法。即使你的沟通受到他人的影响，你也可以这样做，因为调整的是沟通的方式，而不是你传递的信息，而调整沟通方式能帮助别人理解你的想法。

4. 调整你的沟通风格

你的想法对于你自己来说是清楚明白的，对于其他人而言则可能是含糊不清的。我们都以独特的方式看待这个世界，如果你想要别人理解你的想法，就需要以他们容易理解的方式表达。你的沟通对象可能是与你很亲近的人，但这并不意味着他们能立即明白你的意思。留心他人是如何与你沟通的。他们经常使用暗喻吗？他们总是以可视化的方式（例如，使用餐桌上装盐和胡椒粉等调料的小瓶，把工作中的某个场景演绎出来）展示他们的想法吗？他们会用许多表情来传达感受吗？为了让他们更好地了解你，请试着用他们的沟通方式去和他们沟通。你不必变成他人的副本，因为积极地活在当下依靠的是做好自己，但把他人的沟通风格融入自身，会让沟通变得更积极、有效。

5. 留心非语言线索

如果想知道其他人到底在想什么或说什么，就不能只是单纯地听，你也要留心对方的面部表情和身体语言。这也是面对面的沟通往往会比用邮件、信息或电话沟通效果好得多的原因。如果你妈妈跟你说她很喜欢你的新发型，但是说的时候，她交叉着胳膊，不愿意看着你的眼睛，那她可能实际上更喜欢你之前的发型。当你最好的朋友告诉你她会永远陪在你身边的时候，她敞开了双臂，直视你的眼睛，你会知道她说的都是真话。想想你自己的非语言线索有哪些。你有经常交叉双臂的习惯吗？（我有，但我在改！）这种防御性姿势可能会终止你与他人的沟通。你是否觉得直视别人的眼睛很难？如果你有这种感受，对方或许会觉得你不够诚实。为了争取达成和别人积极的沟通，请你努力做到言行一致。

6. 持有开放的心态

清楚、简洁的沟通很难实现，你或沟通对象都不能保证每次都做得到。如果一段对话看起来出了岔子，要对别人表达的意思持有开放的心态，想一想最好的解释，而不是最坏的。例如，当你的朋友说这条裙子和你的身材不搭的时候,她不是说你的身体不成比例,而是说这条裙子不适合你。这能避免信息的错误传达演变恶化成消极的东西。

此外,对他人喜欢的沟通方式也要抱有开放的心态。如果你有很重要的事情要说,最好采用受对方欢迎的方式与之进行沟通。例如,你或许喜欢闲聊,但其他人也许更喜欢通过邮件沟通,那么,就给对方发邮件吧。

7. 跟进你的沟通

你很容易假定你试图沟通的内容已经以你想要的方式被对方接收并理解了。毕竟,你表达得很清楚了,对吗?但是为什么要这样想当然呢?用邮件、信息或电话跟进,以确保对方已经接收到了准确的信息。在信息是由第三方转达的情况下,这一点尤为重要。

同样,如果你需要对已沟通的内容进行进一步的说明,不要害怕说出来。如果有人和你说话,而你想要确定自己是否正确地理解了他的意思,可以花一点时间将自己所听到的重复给他听。为了确保没有误解对方的意思,你也可以换种说法说给他听。

8. 征求沟通对象的反馈意见

你的沟通对象对你的反馈能够帮助你不断地提高沟通技能。问一问朋友和家人你表达得是否清楚，讨论一下将来你们如何更有效地沟通。如果沟通的每一方都稍微调整一下自己的沟通风格，整个互动会变得更加有效。

我不否认听取反馈意见未必是一件愉快的事情。然而，越是了解自己的沟通风格，你就越能弥补劣势、凸显优势，把人际关系沟通变得更加积极且有成效。

付诸实践!

根据自己的身体讯号做出调整

留心自己的身体语言，能够弄清楚自己在和别人沟通的时候到底感觉如何。你的身体语言往往比你的想法更能让你了解自己真正的感觉，了解自己真正想要沟通的内容和方式。例如，如果你的身体语言告诉你你很紧张，或许现在不是沟通复杂问题的好时机。从下面的情境中学习如何根据身体语言做出调整。

1. 在一场激烈的争吵中，感觉一下自己的心跳，跳得比平时快吗？感觉一下自己的双手，握紧拳头了吗？感觉一下自己的肌肉，脖子和后背是否绷紧了？

2. 在一个爱意满满的拥抱中，感觉一下自己的心跳，是缓慢而平稳的吗？感觉一下自己的双手，是放松而张开的吗？感觉一下自己的肌肉，是放松和自在的吗？

3. 在与上述不同的情况下，感觉一下自己的心跳，跳得比平时快吗？感觉一下自己的双手，手掌出汗了吗？感觉一下自己的肌肉，是绷紧的吗？

如果注意到自己有消极的身体反应，请留心你的想法和情绪反应。在需要沟通清楚的情况下，最好先离开那个环境，直到自己更加冷静时再返回继续。

学会结束一段关系

无论你多么希望把一些人际关系搞好，它们也有可能只在消极中发展，这样的互动让你难以积极地活在当下，或许你的生活中没有这段落多于起（或者落得比起得更厉害）的关系会更好。与恋爱关系不同，和家人、朋友之间的关系往往没有一个明确的点，告诉你这段关系应该结束了。和朋友或家人"分手"很难，但如果你们之间的关系对你产生的消极影响比积极影响更多，那么请放手这段关系，从而给自己机会以专注于更积极的互动。

我们并不总是需要考虑如何结束一段非恋爱的关系，因为它总是在不经意间就发生了，两个人随着生活的变化而渐渐地疏远。这种友谊的终结只是生活的一个方面，回想往事的时候，你或许会产生一丝伤感，但你们都会继续前行的，你们都会好起来的。当你在一段持续的关系中问自己："这些负面的影响值得我继续保留这段关系吗？"你可以选择尽可能地应对或放手。

认识到这个问题并不简单，尤其当对方是"应该"被包含在你的核心圈子里的一个家人或者曾经对你意义非常的一个朋友时。记住，放手并不意味着把这个人从你的世界里彻底地赶出去；有时候，你需要的只是情感上的放手，这样你就不会那么容易受到对方的负面影响，不再需要赢得对方的赞赏，而且能避免和对方一起被卷入是非之中。

下面关于如何尽快结束一段非恋爱关系，给出几点建议。

1. 制造距离感

当你明白一段关系已经走到了终点的时候，可以先给自己一些空间。但这并不是指你要高调地宣布自己会后退一步（这样很可能会导致更多的戏剧性场面出现）。慢慢地进行吧，不要再提出新的计划；礼貌地回绝对方的邀请；如果偶然撞见了对方，那也没关系，友善对待对方但开始营造一些距离感；同时，敞开心扉去打造其他更积极的关系。

付诸实践！

知道什么时候该留下，什么时候该放手

如果你不确定一段关系给你的生活带来更多的是积极影响还是消极影响，请诚实地回答下面的问题。如果你不想把答案写在书上，或者你想把它分享给一个需要好好斟酌一下自己的某段人际关系的人，可以访问 danidipirro.com/books/guide，下载可打印版本。对于这些问题，你只需要简单地回答"是"或"否"，但如果能想出一些事例来说明你的答案，你会得到更深刻的领悟。

- 他们的行为曾让你难堪或伤害到你吗？
- 他们会让你觉得不自在吗？
- 他们会让你觉得精神疲惫吗？
- 他们会让你展现出最坏的一面吗？
- 他们会让你觉得不受起码的尊重吗？
- 他们会激发你负面的情绪（如气愤、憎恨、嫉妒等）吗？
- 他们曾怂恿你参加有不良影响的活动吗？
- 他们曾不礼貌、不友善地对待你吗？
- 他们是否很少或没有为这段关系做出过努力？
- 他们是否看起来总是在与你对抗？
- 他们是否让你觉得自己受压抑、受限制？

2. 诚实但务实

如果可能的话，诚实地告诉对方你们为什么不能再那么经常地在一起了。想想如果对方问你他是否做错了什么，你该怎么回答，是坦诚相告比较好，还是不谈论细节会更好？记住你的目的不是要惩罚对方，而是要促使你自己积极地把握当下的生活。如果你毅然决定要进行如上对话，请先考虑对方会做何反应。如果你觉得对方的反应会很强烈，或者会给他人带来不良影响，那还是先不明说，只保持距离吧。

3. 珍惜积极的人际关系

> **提醒！**
> **积极地活在当下的原则 #6**
> 为了消除他人带来的消极影响，专注于令你振奋的事情、你喜欢做的事情和给你带来欢喜的事情。你不可能完全回避消极的互动，但你可以经常抽身到让你感觉良好的活动或想法中去。

和积极的人在一起，你更有可能关注生活中好的方面，更容易下定决心放弃生活中消极的方面。把注意力转移到积极的人和积极的活动上，可以帮助你从结束一段关系的痛苦中走出来。结束关系时产生痛苦是正常的，只要

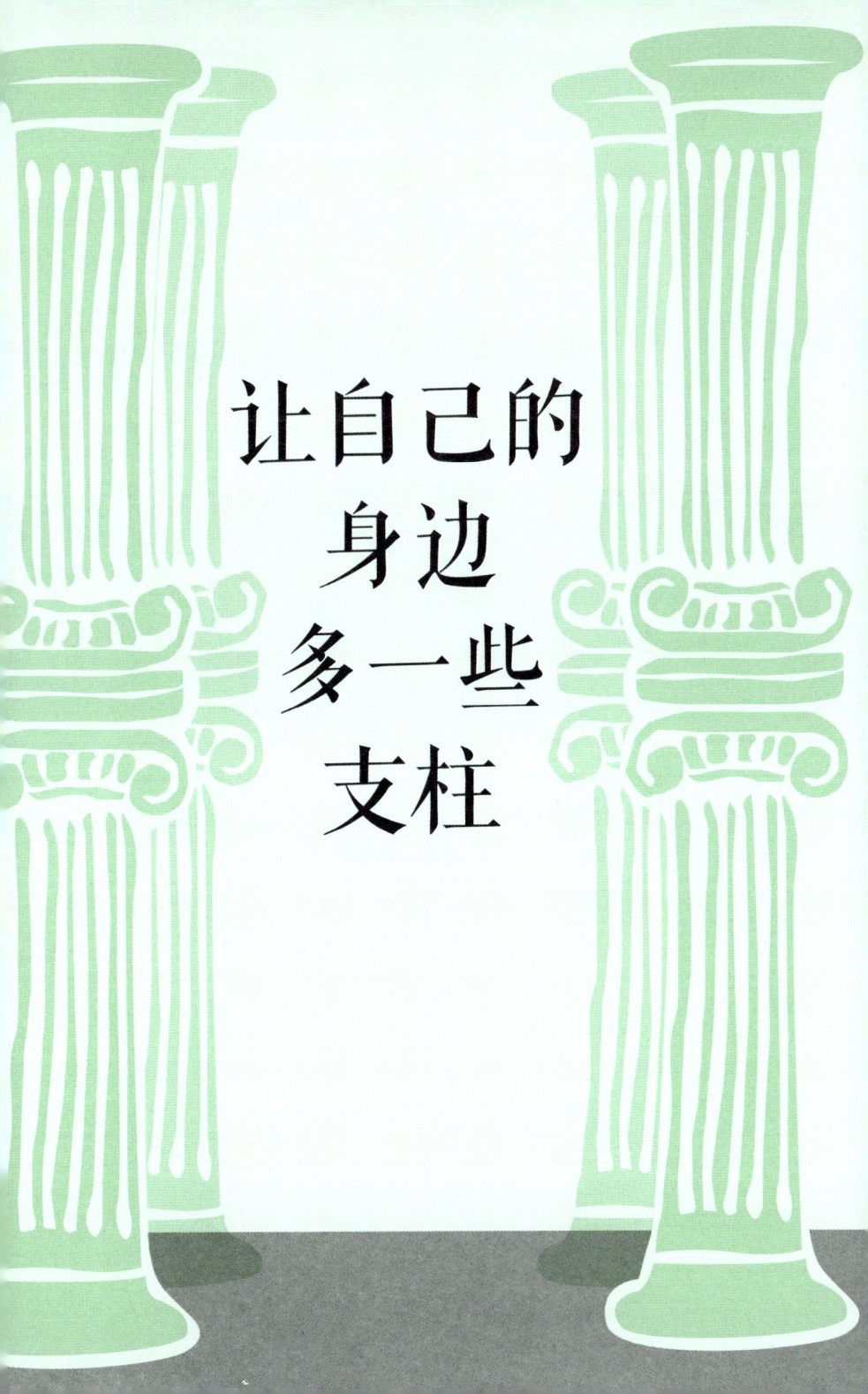

让自己的身边多一些支柱

你的生活不被它掌控。尽管你结束的并非恋爱关系,也不要低估从情感上放弃一个朋友或家人的难度。拥有一个强大的积极的支持系统能帮助你应对这些伤痛。

4. 重新关注自己

你决定要终结一段关系,因为你已经认识到积极乐观的人对你的生活有多么重要,这样做是一种自爱的表现。专注于自己喜欢做的事情(例如居家爱好,见第43—48页),持续地欣赏自己,提醒自己,生活中消极的影响少了,你多了时间和精力来拓展你喜欢的兴趣和活动。全神贯注于某种娱乐消遣是充分把握当下的一个好办法。

欣然接受独处或交际的状态

大部分人的性格界于内向和外向之间，也许会更偏向于其中一种。无论你觉得自己是内向还是外向，或是介于二者之间，你都可以通过探究独自一人（独处）和置身于人群之中（交际）的感觉来获取对自己更加深刻的了解。和自己建立亲密的关系是和他人建立亲密关系的基石（第145—148页关于自爱的部分对此有更多的介绍）。另一方面，当你和周围的人很团结的时候，你们同甘共苦、一起学习，有助于你培养加深与自己的亲密关系的一些品质。换句话说，独处和交际各有好处，真正的积极处世、把握当下的生活是二者的平衡。

如果你确定自己的性格是内向或者外向，你可能不想去尝试与之相反的性格。例如，我喜欢独处，所以我不得不有意识地提醒自己和其他人在一起对我有许多好处。为了帮助更善于交际或更喜欢独处的你们，我整理了五项和他人相处的好处、五项独处的好处。对你的吸引力最小的那一部分，请你仔细地看看。交际花们，是时候独处独乐一下了；恋家鸟们，张开翅膀，探险去吧！

善于交际能给你带来积极的影响，因为你可以：

1. 向他人学习

和他人相处的时间越长,你学到的东西就越多。他们可以教你认识世界(想一想你通过别人接触过哪些文化、信仰和传统),认识自己(你喜欢别人的哪一方面?是什么让你欢笑或哭泣?),了解为什么每个人都很特别、具有独特的品质和弱点(这能帮助你建立充满爱意和宽容的人际关系)。

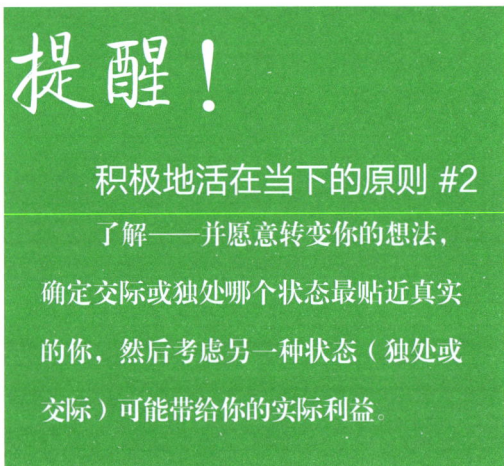

提醒!

积极地活在当下的原则 #2

了解——并愿意转变你的想法,确定交际或独处哪个状态最贴近真实的你,然后考虑另一种状态(独处或交际)可能带给你的实际利益。

2. 有更多微笑

虽然你不一定需要有人在身边才能欢笑,但喜欢社交的确能增加你笑的概率。此外,与他人分享一两个有趣的瞬间(无论是在看电影时,还是在做愚蠢的事情或者只是聊天时)能够强化我们对幽默的体验。你有没有过因为和朋友笑得太厉害,而笑得停不下来?这是和其他人待在一起的最棒的好处之一。

与人分享欢笑将你们凝聚在共同的快乐里,这是对一段关系的最为积极和当下的表达。

3. 尝试新鲜事物

假设你有一个朋友养马,那么他会邀请你去参观他的马厩。可能你本身就喜爱动物,但如果不是你的生活圈子中有人对骑马感兴趣,你可能不会专门抽出时间去参观马厩。你与别人一起度过的时间越多,你就越有可能接触到你独自一人不太可能接触到的新体验。如果你有一个爱冒险的伙伴,那么你更有可能和他一起尝试对你们二人来说都很新奇的体验。

4. 锻炼人际交往技能

你与他人共度的时间越多,你的人际交往技能就越强,例如,你在关心他人、向他人学习、与他人分享和沟通这些方面会做得更好。如果社会环境让你感觉不舒服,记住走出舒适区可以令你有机会锻炼人际交往技能。你锻炼得越多,就越容易应对社会环境。

5. 建立起自己的支持网络

虽然独立自主的习惯是很好的,但是来自他人的鼓励和支持也是不可替代的。来自他人的积极支持是一种巨大的能量来源，别人越是支持和相信你，你就越能在独处时继续保持因为别人的支持而产生的积极的情绪。有他人为你加油，你会感觉自己无所不能！

付诸实践！

单独去或一起去

你是一朵社交花还是一只恋家鸟？无论你认为自己是什么，选择下面相反的那一个，并试着去做。看看换一种思维方式，结果会如何。

单独去

选择一个可以散步、不会被打扰的地方（花园或者当地的公园都可以）。留心你所看到的、听到的和感觉到的。散步的时候，仔细地聆听你内心的想法。可能会有让你大吃一惊的新念头或者情感体验出现。接受它们，然后放手，记住你的关注点在当下。

一起去

选几个你喜欢一起玩（或者想深入了解）的人，邀请他们来吃饭。找一个你喜欢的游戏（如棋盘游戏、纸牌游戏或体育活动），并鼓励每个人都参与。这样的互动会有助于你与他人搞好关系，而不必把焦点放在对话上。

其他人能够帮助你
学习、欢笑、爱

独处对你是有好处的,因为你可以:

1. 有时间思考

独处为你提供了极好的机会来感受自己的想法。当你孤身一人的时候,你可以思考、反思,或者做能让你更专注的活动(如读书、写作或其他创造性活动)。往往在你孤身一人的时候,灵感会闪现,因为在那些安静的时刻里,你头脑中的声音会更响亮,你能更清楚地听到内心的渴望。

2. 做你真正想做的事

独处能为你提供绝佳的机会——甚至是最好的机会——让你去做任何你特别喜欢或特别感兴趣的事,而不必考虑他人的需求。你可以听你喜欢的音乐,看你喜欢的节目,然后做一顿适合自己口味的饭菜。孤身一人的时候,无论你想做什么(在理性范围内),都可以去做。太开心了!

3. 充分表达你的情感

你需要独处的时间来体会自己的感受并充分表达出你的情感,而无须考虑他人的反应或想法。例如,如果你需要好好地哭一场,那你就哭一场吧。充分表达自己的情感,能让你心无旁骛地专注于当下,尽情体会你此时此刻的感受。

4. 得以全神贯注

虽然当身边有人的时候做到全神贯注很重要（例如在办公室工作的时候），但当你孤身一人、没人打扰的时候，最容易做到专心致志。孤身一人能让你积极地投身到正在做的某个特定任务中去（不要进行多任务处理！）。当你全身心投入的时候，往往是最有成效的。

5. 提高你的创造力

远离他人和他们的诸多干扰令你有机会探索新的方式来看待这个世界或者你正在做的项目。当你待在一个允许你的思想自由漫步而不受打扰的安静的地方时，一些最棒的创造性想法就会在你的头脑中出现。独处是一个机会，让你的头脑找寻新的想法，实现创新或发现灵感。

享受独处的时光

度过人际关系中的坎坷

选择在你心中最重要的三段人际关系——也许对方是你最好的朋友、你的兄弟姐妹和一个你从小就认识的人,把这些关系到现在为止的轨迹绘制出来。也许你是非常幸运的,这些关系从来都没有经历过坎坷。然而,我猜想,至少有一段关系在某个时期是不顺利的,你质疑过这段关系是否能继续。你还没有决定放手(参见第109—114页的内容),但你不知道它能否经受得住风雨。艰难时期往往也是你或者他人的生活中充满挑战性的阶段,有压力、心痛,生活会有重大转变,等等,但有些时候你们的关系进入艰难时期只是因为你们已经长时间没有共同的观点了,需要找到复合的路。

令人高兴的是,复合的路真的很简单,就是接受。好吧,也许并不都是那么简单,特别是当你努力想与某人搞好关系的时候,但挽回一段有价值的积极的关系是值得你付出努力的。当你接受他人,甚至他们身上你现在并不喜欢的部分时,你的内心获得了某种平静,这种平静能保护你们之间的关系。你可以掌控自己的感觉,如果你试着把这段时期看成偶尔出现的阴雨天,你就可以脱离消极的情绪,等待事情发生好转。选择接受(而不是改变)对方,留下了让你们的关系在现在或将来变得更积极的空间。

当你的人际关系遇到坎坷时,你需要强大的内在力量才能认识到如何保持积极处事、活在当下。下面这些策略可以帮助你以接受的心态去面对一段你苦苦挣扎但又想继续下去的人际关系。

每一朵云的后面——

……都是蓝天

1. 关注积极的事物

积极的精神状态任你自由选择。你不需要任何其他人的积极性,因为你可以自己创造积极。接收你的这段人际关系中仍然存在的积极的互动,留心它们给你的感觉。例如,你朋友没完没了地抱怨可能会把你逼疯,但是她滑稽的动作还是让你开心不已。把你的注意力引导到正在发生(或者那些已经发生、而你知道会再次发生)的积极的互动上,它们会帮助你保持积极的内在状态。

> **提醒!**
>
> **积极地活在当下的原则 #1**
>
> 关注你们过去一起有过的美好的经历,敞开心扉,积极地把握当下,就好像它提醒了你阳光会在风雨后。这是与人际关系中的消极状态做斗争的一个行之有效的方法。

2. 寻找外部支持

如果你难以了解自己所爱的人或者难以应对他们的行为,向一个亲密的朋友(或是一个没有偏见的心理治疗师)寻求建议吧。与他人简单地分享你的经历能令你得到全新的、有启发性的观点，而且你能更好地理解这段关系，随之对其有更强的接受能力。此外，告诉这段关系之外的人你的情绪状态，可以避免你把消极的想法和感觉分享给你正努力与之搞好关系的对方，从而减少你们之间消极的互动。

3. 明白你是无法控制他人的

无论你多么关心某个人，或者你们在一起的时间有多久，你也不能控制他的想法、言语或行动。即使你真的相信对方如果改变，他会变得更好，但当你接受了自己的无能为力，你就得以从想要改变他人而产生的精神痛苦中解放出来。如果你们都能专注于自己的内在，而不试图去掌控对方，你们会更快地找到复合的路。

4. 找到那一线光芒

是你自己选择要继续维持这段关系的，这就意味着在消极的乌云中，一定有一线光芒。专注于关系中某个积极的方面，例如，你的妹妹是个很好的倾听者，你最好的朋友让你开心，你的挚友在你忙碌的时候总是主动提出照看你的小孩。即使你们现在的关系变得冷淡，甚至不再交谈，你也要保留下这些积极的想法，就好像它们是赐予你的珍贵的礼物。当你记住乌云后面还有一片蓝天的时候，渡过难关就变得容易得多了。

5. 认清自己的弱点

俗话说："一个巴掌拍不响。"你在一段关系中（尤其是对对方正在做或正在说的事情）的行为和反应会极大地影响两人之间关系的和谐。在你可能会变得生气或烦心的时候，试着先停顿一下，再做出相反的反应。如果你想大喊大叫，那就轻声地回应；如果你想摔门而出，那就坐下来，抱着抱枕安抚自己的情绪。另外，试着弄清楚自己的行为是否让他人生气了。如果可能的话，和对方一起寻找给彼此留有余地并尊重彼此的需求的办法。我们都有弱点，重要的是认识和适应它们（甚至做好为它们道歉的准备），以使关系回到正轨。

付诸实践！

列出不适合你的人生特质

你会从他人身上发现一些你觉得会对你的生活有消极影响的性格特点、习惯或生活方式，请列出至少十个。这个单子是非常个性化的：你认为有损你的精神健康的东西，例如其他人对你判断性的评论，可能对他人没有什么影响。留心这些特质，避免和那些不适合你的人打交道，并全力寻找在现有的人际关系中绕开这些特质的方法。

学会说"不"

当谈到人际关系时,"不"是一个强大的词。当然,这个词用得太多不是一件好事(没人愿意无休止地接收负面信息),但用得不够也不好。想一想,有多少次你想也没想说"是"到底能否给自己的生活带来积极的影响就做出了肯定的回答?也许你遇到过这样的情况,几天,甚至几个小时之后,你就意识到当时如果说"不"会更好,哪怕这个词很难说出口。

尽管"不"听起来很消极,但它有时是更积极的回答。关于这一点有各种各样的理由。例如,它能使你避开会给你的生活带来消极影响的人;它能保证你的工作量不会超载;它也可以巩固你的人际关系,因为它让其他人知道你有底线并且你很在意这一点;它能帮助他人了解你的立场——如果对方没有越界,你们的关系会因此而变得更加积极。

尽管有时候说"不"是有好处的,但要说出口的确不容易,特别是对于那些倾向于把别人的需求摆在首位的人来说。然而,你要明白,在需要的时候说"不"是对自己的尊重,这种尊重会在人际关系中带给你回报。下面所述的一些方法能帮助你掌握有风度的拒绝的艺术。

1. 珍惜自己的时间

"我希望自己有更多的时间。"这种想法出现在你心中的频率是怎样的。如果你留意并记录下来，我敢打赌会比你此前认为的更多地出现。时间是宝贵的，当你对时间的需求上升的时候，你越珍惜时间，就越容易说出"不"。不必为自己说了"不"而感到内疚，提醒自己，你的情绪很受你所拥有的时间的多少的影响。如果能在需要的时候说"不"，你会觉得自己更强大、更积极，更能投入到积极的关系中去。

2. 不要害怕使用"不"这个词

"不"有负面的含义，因此有时候我们会害怕把它说出口，我们会说"我考虑一下"或"我不确定，也许……"等。到底你对此的态度是"是"还是"不"呢？被迷惑的可能不只是别人，还有你自己的想法和决心。当你确定自己不想（或没有时间）参加某项活动或做某件事情的时候，尽力让自己接受这个词吧。

3. 杜绝借口和解释

当你拒绝请求或邀请时，往往会说出这样做的理由。然而，

这些解释往往没有你想象的那么有说服力。其实，对方不一定需要知道你的理由。如果对方问起，尽可能如实相告，但注意不要伤害他的感情。良好的人际关系是建立在诚实的互动上的，如果以谎言或部分真相收场，你的感觉会更糟糕。

> **提醒！**
>
> **积极地活在当下的原则 #4**
> 热爱并欣赏自己，说"不"也许是为了给自己留出更多的时间，也许是为了捍卫自己或自己的感受。说"不"，不是出于自私，而是为了确保你自己的需要也受到重视。

4. 坚守立场

你有没有遇到过不得到肯定的回答就不善罢甘休的人？有一种人会连珠炮似的问你一堆问题或想出创造性的解决方案，以达到让你说"是"的目的。当你遇到这种人时，请坚守立场，简单地重复你最初的反应。如果你发现自己想要放弃，请提醒自己你一开始拒绝的原因，然后坚守立场。

5. 明白"不"有时意味着"是"

我知道这听起来很让人困惑，请这样想一想：当你对会给你带来消极影响的事物说"不"的时候，你也在间接地对花时间做其他可能积极得多的事情说"是"。如果你挣扎于是否要说"不",想象一下如果你说了"不",你会利用空出来的时间做什么。想出以更积极或更有成效的方式来度过你的时间是激励自己说出"不"的好办法。

付诸实践!

直接说"不"

这个星期要练习说"不"。下一次有人要你做你不感兴趣或者会给你的生活带来更多的消极情绪和压力的事情时,请直接说"不"。如果你觉得简单的回应还不够的话,下面是一些礼貌性地说"不"的方式,但目的仍然很坚定、很明确。

"我很想去,但不好意思,我去不了,谢谢你。"(不需要做出任何解释)

"我很愿意帮助你,但我有太多其他事情要处理,所以这一次我帮不了你了。"

"不幸的是,我做不了这件事。"

"这听起来是一个很棒的机会,但不幸的是,我参加不了。"

"不,我这次去不了,下次有机会再和我说吧。"

"谢谢你想到我,但是这一次我不得不拒绝。"

"我理解你的感受,但我不认为我帮得到你。"

"我没有任何经验,所以算了,这不是很适合我。"

"不,我不能帮你做 X,但我很乐意做 Y。"

少去比较，多去爱

无论你是多么地爱自己，你也很难做到不与他人比较。而如果你和大部分人一样还在自爱这方面努力，请参考本书中关于自爱的部分（见第145—154页）。你可能知道，与人比较和随之而来的嫉妒只会给你的人际关系带来负面的影响。当我们和他人比较的时候，会把注意力集中在我们希望得到的东西，而不是我们已经拥有的东西上。所有的信号都鼓励我们确保自己看起来是最棒的，有最好的东西，有更好的感觉。做这样的比较其实是一种竞争，即使你发现自己是"赢家"，这种胜利也不会令你感到满意。你的电视机有最先进的3D功能，而邻居家的只是2D的，这重要吗？不管你看到别人做什么、有什么或是什么，你永远也无法真正地了解这些东西或经历会带给他什么样的感觉，你也无法想象它们会给你带来什么样的感觉。相比之下，什么"更好"只是一种见仁见智的观点。

尽管我们可能意识到了这一点，但我们仍然会有做比较的冲动。为什么会这样？我们和他人进行比较，多半是因为我们缺乏安全感或不快乐，所以我们想通过他人来衡量自己。例如，当我们对自己的外貌不是很满意的时候，可能会评论另一个人

感激你所
拥有的一切

的长相;当我们感觉无助的时候,可能会贬低一个有权威的人;当我们对自己的才能没有信心的时候,可能会抨击别人的艺术能力。

不管我们是因为什么原因而做比较,真正的结果是什么呢?很简单:消极的感觉、反应和行为。将自己与他人做比较有可能让你觉得更加缺乏安全感,在别人身上寻找弱点通常只会突出你自己的弱点。此外,你消极的情绪会不断地增加,因为这种比较是不可能带来你想要的保证的,而这可能又会导致你进一步与他人做比较。从他人的角度看,你也许会激怒他们,而这会让你对自己感觉更糟。最后,这种消极的情绪在你的生活中肆虐，使得和他人建立积极的人际关系变得更难。

但你还没有失去一切！这是我的智慧箴言。结束这个负面消极的循环吧，爱自己所有独特、美好的方面并欣赏别人的长处。如果你能把下面五个步骤付诸实践，你会建立起更强大、更积极、更关注当下的人际关系——这不仅指你与他人的关系，更是指你与自己的关系。

1. 管控自己的思想

避免和他人做比较的最好的方法就是更加注意自己的想法。这样，当比较开始形成的时候，你可以立即扼杀它。每天花十分钟时间有意识地观察自己的想法，看着它们在你的脑海中移动，像电影字幕一样。如果有负面的东西出现，或者你开始做比较了，就立刻对自己喊"停"（或使用任何其他能阻止你的词）！并努力把消极的想法转变成积极的想法。多加练习，你会越来

提醒！

积极地活在当下的原则 #2

了解并愿意转变——你的想法，判断哪些是消极的，哪些是积极的，管控它们，以积极的人生观和对世界、对他人的积极看法来挑战消极的思想。

关注当下的现实，
而不是想象中的
情景

越多地观察到你的想法,直到这种做法变成一种本能。

2. 接受他人

我们每个人都是独一无二的,我们特有的举动和有趣的习惯造就了我们。接受他人是接受自己的良好开端。当你从积极的角度去看待他人时,你会习惯性地开始以同样的角度去看待自己。试着去说(或想)他人好的方面,并给自己同样的尊重和欣赏。

3. 避免模式化

模式化从来不是一件好事情,因为它忽略了每个人的独特性,并且把人们按"应该是什么",而不是按"是什么"的概念分类。欣赏你身边的人,尊重他们的差异,和他们互动,但是不要把他们归类。这样做,你会开始欣赏、尊重甚至爱上自己以及他人身上的独特性。

4. 不要评判自己

有时候,你内心的批评家会激励你变得更好,但大部分时间它会逼着你对自己苛刻相待。越少评判你自己(你的样子,你拥有的东西,你微笑、大笑、聊天的方式),你就越不可能拿自己和他人做比较。

付诸实践！

使用积极的语言

如果你只用积极的话语来形容这个世界，是很难去进行批评和比较的。每一天，试着用到下列清单中的至少三个单词。每当有消极的词语浮现在你的脑海中时，用下面的一个词来取代它。访问 danidipirro.com/books/guide，查看更全的词语清单。

- 极好
- 美丽
- 开朗
- 耀眼
- 权力
- 无所畏惧
- 真诚
- 有希望
- 有见地
- 快活
- 善良
- 体贴
- 积极
- 显著
- 乐观
- 安宁
- 合格
- 足智多谋
- 安详
- 天才
- 独特
- 有远见
- 精彩
- 青春
- 热诚

5.换个角度看事情

如果你还在努力地控制自己不和他人做比较,请站在被比较的人的角度上。想想如果有人拿你和他做比较,你会怎么想。你是否觉得自己好像被人评头论足或者被放到了放大镜下面?这令你多不舒服?想想积极地生活为什么不应该以这种方式令人感觉尴尬或自卑。现在转换你的想法,想想当你知道有人看到你积极的一面时你自己的感受。如果你想拥有这样的感受,就让别人也拥有这样的感受吧。

第四章

在爱情中,积极地活在当下

第四章　在爱情中，积极地活在当下

啊，爱！这是许多诗歌和伟大的文学作品的主题，是幸福和心碎的共同来源。当你第一次为爱奋力拼搏的时候，似乎没有比这更美好的事情了。但是当爱结束（在有些情况下它一定会结束），你会感觉自己被困在悲伤的阴云下，在一个没有光、没有幸福的世界里。爱是一枚双面硬币，有阳光，也有阴影。当它美妙的时候，它是如此美妙；当它不美妙的时候，它是如此残酷。

由于其复杂性，浪漫的爱情可以对你的生活产生巨大的影响——尽管对于拥有有意义的、美好的生活来说，它不是至关重要的（是的，没有恋爱的对象，你也可以过得很好！）。爱（在本章中，这个词主要是指浪漫的爱情）有让你的内心燃烧着欲望、激情、兴奋之火的能力，也有把同一颗心烧成失落、忧伤和痛苦的碎片的能力。

第三章讨论了在非浪漫关系中如何积极地活在当下，本章将探讨我认为是浪漫爱情中本质的方面：学会爱自己，避免消极影响，创造一个动人的爱情故事，保持一份稳定的爱，以开放的心态看待爱情，治愈一颗破碎的心。自古以来，人们一直在写关于爱情的东西。我没有回答所有问题的答案，但这些年我学到了一点东西，尤其是关于如何利用爱情创造出更加积极和更把握当下的生活。

无论你是刚坠入爱河，或正处于热恋中，或正在经受失去爱情的痛苦，当你读到这一章，请记住：浪漫的爱情只是生活的一部分。不管流行文化给予它多么高的关注，也不管大部分人花多少时间去思量它，浪漫的爱情都只是我们能给予和接受的爱中的一部分。就"爱"这个词的一般意义来说，过好每一分钟是绝对必要的，你可以从爱自己、爱自己做的事情、爱和你亲近的人，甚至爱那些你根本不认识的人的过程中获益匪浅。你可能想知道为什么我要在章节开始之前提出这一点，因为积极地把握当下的生活需要在生活的各方面都达到平衡，这一章体现出浪漫的爱情在积极地把握当下的生活中应具有的位置，即人生中一个惊人的篇章。

爱自己

和任何我们需要学习的东西一样，爱自己和允许自己被爱是需要练习才能做得更好的事。很简单，你爱得越多，你就越有爱；让更多的爱进入你的生活，你就更容易过好生命中的每一刻，并保持积极地活在当下的状态。然而，深深地爱别人并享受他们爱的回报，是从爱自己开始的。

你可能已经注意到，爱自己是积极地活在当下的原则之一（见第15—19页）。你可能会想：为什么又要在这里专门探讨呢？这样做是因为爱自己至关重要，它不仅能让你的整个生活变得更积极、更关注当下，还能建立持久的浪漫关系。

我喜欢把关系视为一个金字塔。在金字塔的底部是你用对自己的爱铸造的基石，如果这些石头摆放正确、牢固地黏合在一起，你就为生活中的其他主要关系（和朋友、家人等之间的关系）打造了坚实的基础，这些关系构成金字塔结实的中间部分。在金字塔的顶端，在最不稳定的位置上，是你与另一半的关系，即恋爱关系。如果你的基石上有裂纹或不平稳，你的恋爱关系就会摇摇晃晃，它是金字塔最容易倒塌的部分。不相信吗？可参见第148页上爱自己影响浪漫爱情的三个主要途径。

> **提醒！**
>
> **积极地活在当下的原则 #4**
> 热爱和欣赏自己对于积极地活在当下以及具有良好的恋爱关系都很重要。爱自己是获得成功、长久的浪漫爱情的第一步。

　　你可能认为爱自己很容易，是吗？有时自爱与自我放纵或自私有关。事实上，爱自己与之正相反：这是一种无私的行为。你越爱你自己，这份爱就能越多地转移给你身边的人。不幸的是，有时候，我们是我们自己最糟糕的批评者，在自爱的道路上制造障碍。你可能已经知道，自爱有时似乎是一个不可能达成的目标。但是，你需要为生活中所有最美好的事情付出努力，重要的是记住，你有能力在爱的循环中迈出第一步。

　　你很可能没听说过爱的循环，因为这是我自己的小发现。这是一个概念，说的是如果你爱自己，你会以开放的心态接受他人的爱；而当你敞开心扉去爱的时候，你便拥有了爱他人的能力。你越爱他人，你就会越爱自己，这样就完成了爱的循环！

和让自己
快乐的人
在一起

爱自己能让你……

——对别人不那么挑剔。你可能知道，即使在最牢固的恋爱关系中，批评也是一根致命的刺。然而，别人身上令你反感的特质往往是你身上也具有且你并不喜欢的。当你爱自己的时候，你不会去苛刻地评判他人。

——不太可能满足于一段不称心的关系。当你热爱和尊重自己的时候，你会非常珍惜自己，以致不会满足于一段不能增强你的信心或不能给你激励的恋爱关系。安定于这种恋爱关系最终会滋生怨恨，而怨恨对浪漫爱情来说是致命的。

——更容易被给你的生活带来积极影响的人和事吸引。这是因为"人以群分"。你越是专注于自身的积极性，你就越能注意到别人的积极性，增加你找到一个不错的伴侣或巩固你现有的关系的机会。

下面这些技巧可以帮助你掌握微妙的爱自己的艺术。

1. 了解自己的想法

一旦坚定了爱自己的心,你需要大量的自信和自我信念去追求这种爱,而你的头脑中可能会出现一个声音,偶尔(或者经常!)向你传达消极的信息。例如,当你照镜子的时候,你只能看到希望自己改变的地方,你怎么会爱自己呢?当你思考你曾经犯下的错误的时候,你怎么会爱自己呢?无论头脑中听到了什么消极的信息,带着你值得拥有自己的爱的信念大声呼喊吧,盖过那些消极的声音。自我怀疑的声音是如此的微小隐蔽,以至于有时候你甚至都意识不到它的存在。更令人担忧的是,有时候它会变成你的思维模式的一部分,你可能不愿去压抑它,担心如果没有它拖住你的后腿,你会变成什么样的人。了解自己的想法,认真地聆听头脑中形成的思想,并问自己:"我会这样去想别人吗?"你对自己的想法往往比你对别人的想法更苛刻。了解你自己的想法,并愿意去质疑那些消极的想法,这是爱自己的必不可少的第一步。

2. 接受自己的选择

每个人都会做出好的选择,也都会做出不好的选择。这些选择有些是重大的,有些是无关紧要的。无论你觉得自己的决

为自己
庆祝,

就好像为
朋友庆祝那样

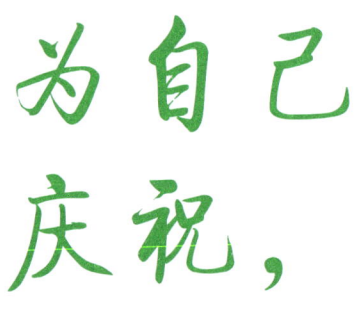

定是好还是坏，都接受它们。木已成舟，你不必去爱它们，但你必须容忍它们。你无法撤销自己所做过的事，你只能充分利用好现在的每一刻。通过接受好的或坏的选择，你表现出对自己的爱。

3. 从错误中学习

你不可能总是做出正确的选择、说正确的话或做应该做的事情。但这没关系，不要为自己犯过的错误而自责，把它们当作学习和成长的机会，下一次把事情做好（这听起来有点像陈词滥调，但确实是真理）。有人说"活得越久，学得越多"，我想那是因为一个人生活得越久，犯的错误就越多！有时你还再三犯同样的错误，例如，你约会过至少三个巡回演出的音乐家才意识到爱上经常旅行的人和你对居家男人的偏爱并不契合。你总能在不好的决定中学到人生教训，无论它们隐藏得有多好。爱自己不是去想自己出了什么差错，而是学习可以学到的东西，然后继续前行。

4. 感谢你的缺点

爱别人的时候，你不可避免地会忽略他们的缺点，只关注好的方面。但我敢说你对自己却不那么容易办到。我们往往对自己比对别人严苛得多！自我批评有时候是一件好事，是一种促使你向着积极的方向前行的动力,但更多的时候,它只是一种障碍。你的缺点和你最优秀的品质一样,都是你的一部分,所以试着去爱和接受你的不完美吧——身体上、精神上,甚至是情感上的不完美。

5. 像对待朋友一样对待自己

你多长时间做一次让自己喜欢的事情,不是出于其他的理由,只是为了给自己更多一点的爱?你可能不经常只是为了自己去做一件事情,但你应该如此。一个小小的善行是爱别人的很好的方式,而为自己做自己喜欢的事情你也同样会有收获。对待自己就像对待一个亲密的朋友那样。当自己的一天过得不顺心的时候,对自己表现出同情心,小小地款待一下自己。例如,做自己最喜欢吃的饭菜,只因为一个会议进展顺利。留心可以善待自己的理由,会让你注意到自己是多么值得被爱,并给自己以机会来赞赏现在的自己。

6. 为自己唱赞歌

学会用对待别人的成就的方式来对待自己的成就。当你到达一个里程碑的时候,庆祝一下;当你克服障碍的时候,高兴起来;告诉别人你做了什么。你越是认可自己的成功,越能提醒自己你拥有独特的技能和才华。没有人喜欢自负的人,但他们喜欢自信、为自己取得的成就而开心的人。为你自己唱赞歌不仅能吸引别人，还能提醒自己，你值得拥有积极的当下时刻。

付诸实践！

列一个"我爱自己！"的清单

写下你爱自己的 20 个理由，将每个理由写在单独一张纸或一张便条上。把这 20 张纸随机地放在你的家里、办公室里和汽车里，以提醒你有多棒。每一次当你感觉对自己心存疑虑的时候，找到其中一张，读出来，用以提醒自己你值得拥有自己的爱。

你比镜子中的你更棒

7. 学会看到镜子之外的东西

你的自我价值与你在镜子中看到的自己有多紧密的联系？如果你的样子和你对自己的感觉紧密相关，现在大声说出这些话："我有的不只是外貌！"即使你喜欢自己的样子（希望是这样！），也请记住你有的不仅仅是外貌，而且你在镜子中看到的自己并不一定是其他人看到的你。我们多年来一直通过有色眼镜来观察和批判自己。你有的不仅仅是你的影像，还有你的思想、你的想法、你的心态、你的技能、你的心、你的精神、你的激情。你是你的目标、你的梦想、你的过去、你的现在、你的未来，你是你活过的每一分钟里的高潮。所以永远不要忘记：你不仅仅有肌肉、皮肤、骨骼。

赶走消极

在一个理想的世界里,每一段恋爱关系都时时刻刻充满着幸福、爱意和积极的互动。然而,当两个人走到一起的时候,即使他们非常相爱,也注定会有很多冲突。没有任何两个人能相似到对所有的事情都保持一致意见。冲突本身未必是件坏事,只要不让它主宰你们之间的关系。换句话说,消极本身未必是个问题,只要你知道如何把它的影响减至最低。

付诸实践!

写一封永远也不会寄出的信

有时,当你面对消极的情况时,最好反复思考你的想法并表达出来,但你不必把它们卷入到你的关系中去——至少等到你确定会有好的或有价值的结果出现时。如果关于这段关系的情况或特点,你有很多话要说,试着给你的伴侣写一封信,表达你的感受,你的陈述和解释要充分而坦诚。然后,当你完成以后,请销毁这封信(从你的电脑中删除,或把它撕成碎片并扔掉),不要把它交给你的伴侣。这种做法能把你的想法从头脑中释放到一个中立的空间,这个空间往往足够减缓你的消极情绪,让你重新以更积极的心态审视自己的关系。

潜在的消极的情况(不同的观点、利益冲突、截然相反的利用时间的方式等)都是等待转化的能量球。

如果你能把它们转变为有用的、可能产生积极影响的东西,你就可以防止负面的渗透在你的关系中的情绪、行动或言语出现。下面的建议有助于你利用分歧中的积极能量,并把它转变成使你们凝聚在一起而不是分离的东西。

1. 避免对或错的二分法

在激烈的争论中,你当然是对的,你的伴侣当然是错误的!当然如此!问题是,你认为的"对"往往和你的伴侣认为的"对"完全相反。当你感觉到对或错的二分法要出现时,试着停下来,深呼吸,然后重新论述你的观点,并将对话拓展到更不稳定的领域。你可能认为你不会对任何事情都表示赞同,但我敢打赌,有很多灰色区域可以让你们每个人都有点对,也都有点不对,让你们能够求同存异。记住:有时候,求同存异是可以的;有时候,允许别人做对的一方是一件对的事情。

2. 转换你的视角

在消极的互动中，很难不从自己的角度出发去想问题，但请尽力做到移情，想想如果情况发生逆转，你的感觉或反应会是怎样的。站在伴侣的角度想事情也许不能完全解决问题，但它至少可以让你考虑不同的解决方案。当你站在对方的角度思考时，你或许会被你的感受和反应吓到。你越是远离你本来认为的正确做法，你就越有可能找到更积极的方式来解决你们之间的冲突。

3. 着眼于正在发生的事情

冲突往往是不关注当下而产生的后果。当你为已经发生的事情或可能发生的事情（例如，担心美丽的健身教练会对你的伴侣产生极大的诱惑）而感到焦虑的时候，你可能会发现自己正处于消极的互动中。当你发现自己置身于一个消极的境地时，请深呼吸，把自己带回当下，问自己："现在到底发生了什么？"把注意力转移到当下能让你关注现在，而不是过去或未来。通过关注当下来保持积极的状态。

4. 问清楚，听仔细

保持坦诚的对话很重要（更多内容请参见第101—108页）。当你不能完全确定伴侣的感受时，请张口去问。更重要的是，仔细听对方的答案，而不是想象你听到的会是你自己的想法，或者在听到伴侣的回应之前，就在头脑中预想对方会说什么。你越多地问和听，就会越多地了解情况，从而更加了解你的伴侣的想法。

5. 练习给予和接受

所有的人际关系（特别是恋爱关系）都从一点点的给予和接受中获益。要想在一段关系中保持积极性，重要的是愿意付出爱、时间和精力，并且愿意接受伴侣给你的东西。在积极的关系中，双方都需要感受到他们为对方的生活贡献了爱、支持和安慰。为避免关系中出现不必要的负面情绪，随时准备给予和接受。

6. 亲切的感激

一段良好的关系需要感恩。当你花了大量的时间与某人在一起，特别是当你和那个人住在一起的时候，会很容易忘记对他们心存感激，即使你很爱对方。持续地、有意识地努力，让你的伴侣知道你有多珍惜他，珍惜你们之间的关系。你不必花费金钱甚至是时间来表达你的感激之情，紧握的手、突然的一句"我爱你"、枕头上的一张便条就足够表达了。细枝末节的小事才重要。

7. 有一颗宽容的心

没有一段关系是完美的，因为没有人是完美的。有时，你们中的某一方做的事、说的话会对创造积极的、把握当下的生活起反作用。你有时候会忍不住去想这些缺点和失误，但这样做只会让自己更关注负面的因素，让它们变得更嚣张。培养一颗宽容的心（为你自己，也为了你的伴侣），并在交往的过程中回到当下——充满了促进积极的恋爱关系的可能的当下。

提醒！

积极地活在当下的原则 #5

对你生活中的人抱有一颗感恩的心是积极地活在当下的最佳方式之一。留心你的伴侣如何令你的生活变得更加美好，说出"谢谢你"三个字很重要。

让心中的小鹿乱撞下去

如果你有过恋爱的经历，你就会知道那激动人心的初次见面会给人怎样的感觉——心跳加快，如小鹿乱撞。如果你有过一段长期的恋爱关系，你可能知道，那些让你激动不已的初见的感觉和长期的恋爱关系中的每一天的感觉大不相同。对于一些人来说，小鹿乱撞的感觉会持续很长一段时间（不过，我在书中看到过，最长也就几年）；对于其他人来说，这种感觉会迅速地消失。剩下的感受往往更为充实，甚至更有意义，但有时也会有平淡的感觉。如果你的恋爱关系到了这个阶段，试着回想爱情的第一个激情的瞬间，找回那小鹿乱撞的感觉是很有必要的。

我有过足够多的恋爱经历，所以我知道那种小鹿乱撞的感觉是难以每天拥有的。就像任何真正值得花时间的事情一样，它需要经营和维护。即便如此，你也可以采取许多积极的措施来确保你的恋爱关系每天都充满爱、激情和积极性。

1. 多和对方聊聊天

我们真的了解一个人的一切吗？哪怕是那个我们与之分享

了大部分生活的人。无论相处了多久，总是有更多的东西以待发现。聊天（闲聊或严肃的谈话）意味着你们将永远不会丢掉了解彼此的习惯。两个人之间的沟通越多，通过新知识、新发现或新的解决问题的方案给彼此带来惊喜的概率就越高。你们互相分享得越多，你们就越了解彼此，变得更亲密，即使在相处多年以后！对心爱的人有新的了解并保持浪漫的关系，会让你感到惊喜甚至心跳加快，同时也让你们谈论困难的话题（如果有的话）变得更容易。

2. 为彼此抽出时间

生活是忙碌的，事业、家庭和社会生活要兼顾，所以为彼此抽出时间往往成为任务清单上的最后一项。但是，如果你想体验到那种刚坠入爱河的感觉，就得想办法抽出时间和对方在一起——就你们两个人，越经常越好。有时，这可能意味着要牺牲做别的事情的时间或者得在活动安排上做些妥协，以求和对方度过高品质的时光。不要以为你会碰巧遇到在一起的时间，拿出你的日历，好好安排一下！想一想，在你们第一次见面的时候抽出时间在一起是多么重要，所以不要认为你们现在拥有这一切是理所当然的。现在抽出时间在一起，对你的恋爱关系来说，和你们刚开始恋爱时一样重要。

3. 做微小而浪漫的事

在一段恋爱关系的开始阶段,你和你的伴侣可能会花更多的时间在小事上——发送甜蜜的信息,无缘由地给对方打简短的电话,发电子邮件,或者下班的路上为彼此购买小礼物。随着时间的流逝,我们往往会忘记那些小小的细节是多么的有意义。今天就把它们带回到你的生活中来吧。发送一封简短的电子邮件,简单地写上"我爱你";或者买伴侣最喜欢的食物做晚餐;或者在他们的夹克口袋里塞一张写满爱意的小纸条。这些事情可能看起来很傻,但是所有的这些小事构成了许许多多的浪漫。

> # 提醒!
>
> ## 积极地活在当下的原则 #5
> 怀着一颗感恩的心,为心爱的人做一些小事。每次当你给心爱的人一个拥抱、一个吻、一下轻抚或一份礼物时,你都是在表达自己的感激。每个小小的行为都是你感恩的一种表现形式。

4. 乐于支持对方

想一想当有人支持你的时候,你的感觉如何。乐于支持你的伴侣会让你的心中充满爱与感激。具体怎么做呢？和你的伴侣聊一些他们最关心的事情；问问对方的工作情况（即使这个话题似乎有点无聊）；问问对方最喜欢的消遣方式是什么；问问对方对时事新闻的想法和感受；主动给予对方一个拥抱、一则忠告、一个无条件的爱的声明。没有什么比知道有人无条件地支持自己更能让你心跳加速了。

放手过去
忘记未来
感激现在

5. 不关注过去和未来

心中小鹿乱撞讲的是现在，或者至少是目前。它发生在你看到伴侣走进房间的那一刻或者你看电视时，他握住你的手的那一刻，它存在于你对下班后见面的期待或者最近一次的亲密回忆。每一天，尽量不要用你所有的时间去担心过去发生的事情或者将来可能发生的事情，而是关注现在发生在你的恋爱关系中的事情。如果有其他的非紧急的事情要讨论，那就专门为此安排一个具体的时间吧。

付诸实践！

重现一次约会

还记得你和心爱的人的第一次约会吗？在不久的将来的某个时候，试着去重现那次约会。去同一家餐厅（如果这家餐厅已经不存在了，就去供应类似菜品的地方）或者回到你们初吻的地方。重现你和心爱的人曾经有过的积极回忆，是庆祝你们所拥有的现在的好办法，尤其是当你与对方回顾所有你们现在共同分享而在你们以前约会时不曾分享的东西时。

快乐地生活下去

每个人都希望能快乐地生活下去，希望他们的爱能长长久久。但无论你们是克服万难才在一起，还是你们的目光扫过房间里拥挤的人群后命中注定地锁定了彼此，爱情产生的第一个瞬间后发生了什么？你怎么从那种爱过渡到更为美好（不那么浮夸）的爱呢？——一种持久、经得起长久的考验的真爱？

与某人永远在一起意味着无论是你还是你们都将面对恋爱关系中的许多挑战。理想的情况下，这些挑战——以及你们共同克服它们的过程——会使你们的恋爱关系增值，使它更强大。请注意，只有当你们不断地表达对彼此的爱意的时候，这种情况才会发生。你可能会借助花或热吻，或者用甜言蜜语或支持对方的行动来表达你的爱意，但最重要的是，你可以通过与对方互动的方式来持续地表达你的爱。

在一段恋爱关系中表达对彼此的爱意有无数种奇妙的方式，但我认为有四种方式是尤其有效的，这四种方式的首字母缩写特别令人难忘——L.O.V.E。访问 danidipirro.com/books/guide，免费下载可打印版，记住这些可以表达爱意的方法。

笑(Laughter)

据说笑是最好的良药,我相信笑是使恋爱关系保持健康的最佳方式之一。当你笑的时候,你会感觉很好;当你看到别人在笑时,你也会有很好的感觉。所以当你与心爱的人一起欢笑的时候,你们之间就会产生美好的感觉。你们之间的互动越积极,你们之间的关系就越强大,而一起欢笑是一种最重要的积极的互动形式。当然,只有当你们的笑容充满快乐和积极性,而不是恶意或憎恨的时候,这种说法才能成立,所以尽量以积极的方式来增加你们的笑声吧(例如,看有趣的电视节目或分享故事,而不是嘲笑你那不擅长社交的表哥!)。

机会(Opportunities)

机会具有改变性——它可以彻底改变一个人的生活。虽然这似乎不是表达爱意的最浪漫的方式,但是要给予你的伴侣机会(例如,去做一些他们喜欢但你不是很在意的事情,甚至去追求一项新的事业,哪怕要承担长时间的财政负担),从而敞开心扉,表达你的爱。你还可以给你心爱的人一个更了解你的机会,分享更多关于你的事情会把你们拉得更近,并促使你的恋爱关系产生更强大的情感联系。

无论做什么事情,
都请带着爱意去做

> **提醒！**
>
> **积极地活在当下的原则 #2**
> 了解——并愿意转变你的想法——和心爱的人分享、聆听具有启发性的想法。你可能会由此发现关于这个世界或恋爱关系的新的思考方式，所以努力地保持一种开放的心态去分享吧。

确认（Validation）

大多数人（不管他们承认与否）都会寻找某种爱的证明，以确认他们是否值得被爱和被支持。确认某人的行为甚至其存在是一种极好的表达爱的方式。它可能存在于"我爱你"这三个字里，也可能以更具体的方式存在，如向其他人强调你的伴侣的优点，或用心聆听伴侣的讲话。这种确认表达出你更深层次的爱，它在告诉对方："你很重要。你很重要。你对我很重要。"

启迪（Enlightenment）

告诉心爱的人你所知道的，会创造出通向开放、理解和分享知识的新途径。当你心爱的人与你分享信息时，特别是对你怎么看待自己、看待世界有更多启发的信息时，这种行为本身就是爱。当有人给你某种启迪时，你会感觉与他们更为亲密并受到更多的激励。当你改变了对方的世界观，无论是通过告诉对方一个很棒的生活经验，还是通过传授给他一个更有效的制作晚餐的小技巧，这种爱的行为会为你继续快乐地生活护航。

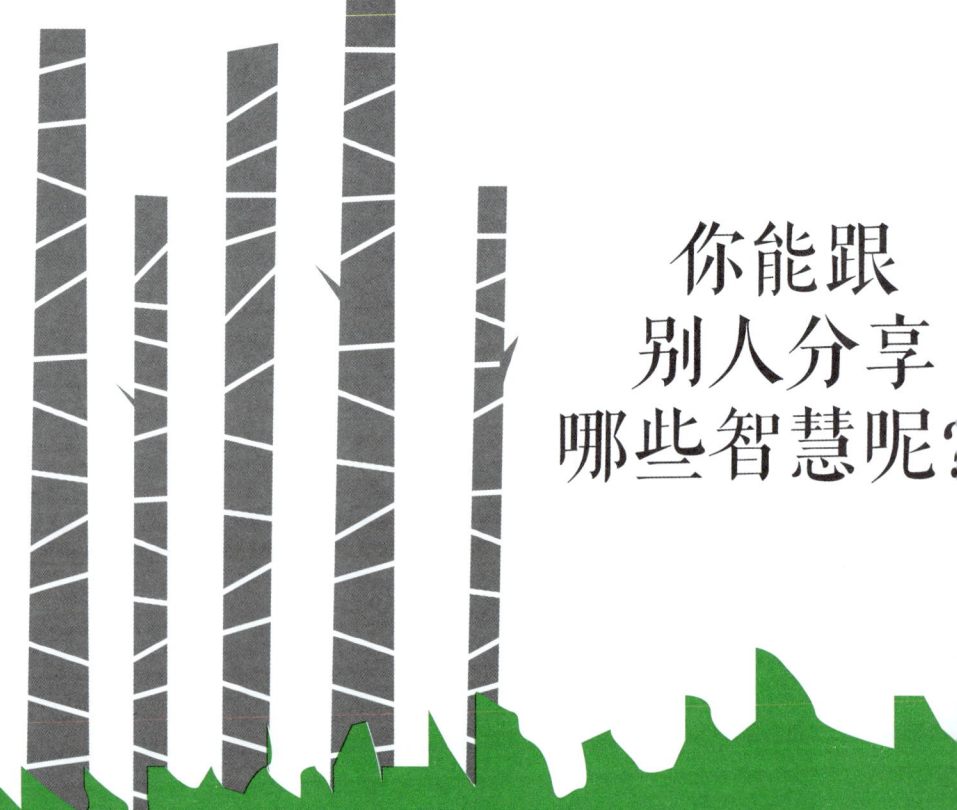

你能跟别人分享哪些智慧呢？

向爱情敞开心扉

通往成功的恋爱关系的另一个重要步骤是找到那个特别的人,至少要以开放的心态留意并找到他。很多人惧怕敞开心扉去爱。也许你有过心碎的经历,让你把心门紧锁并把钥匙扔掉,也许你已经很难再打开这扇门了。无论你是否相信,仍然是有办法培养你对爱情的信心和被爱的能力的,这也许能帮助你把心门打开。也许你认为自己已经为爱敞开了心门,只是还没有找到爱而已。如果你有这样的困扰,这其实是一个很好的切入点,你会找到让你敞开心扉、拥抱新的可能性的灵感。

如果你是一个感情上封闭的人(不管出于什么原因),你会关注于如何防备别人,而不是让他们走进你的内心。把你的心封闭起来看似是自我保护的最高境界,是一种避免将来可能遇到负面情绪冲击的方式,但封闭你的心,会使你无法享有许多积极的经验。如果你的心是封闭的,你怎么能全身心地投入到你所拥有的关系中去呢?如果你拒人于千里之外,你怎么能拥有强大的、积极的关系呢?

曾经，我也对敞开心扉有所抗拒，我一直怀疑和不信任那些想对我表达爱意的人。只有当我有意识地承认这一点，并选择打开我的心门（通常这对我来说是非常可怕的事情！），我才发现了与他人之间有意义的联系。这些有意义的联系带给我有意义的关系，甚至在某些情况下，带给我爱。如果我的心一直封闭下去，我不会拥有这么多积极的经验，也不会真正地和身边的人一起过好每一分钟。如果你正努力地想要打开心门，你可以尝试下面这些方法。

1. 乐于学习

你越是乐于学习（通过自己的亲身经历和他人的智慧总结来学习），你懂得就越多；你懂得越多，你就越能理解他人，如他年龄几何、有什么背景等等。知识使你变得更加聪明，更加有创造力，更能理解他人的感受。它能够打开你的心扉，让你从新的角度重新认识这个世界，能够帮助你与身边的人产生联系。

2. 留心非语言性暗示

有时候，从感情上封闭自己会在身体上显露出一些"迹象"。如果你害怕微笑，如果你习惯交叉胳膊或者总是低头看自己的脚或抬头看别人的肩膀，你会让别人知道你对友情不感冒，更

别说爱情了。使用开放性的肢体语言吧——微笑,不要交叉手臂,直视他人的眼睛——在这样做的同时,观察他人是如何更积极地回应你。让这些身体语言给你信心,敞开心扉,让他人走进你的内心。当他人一点一点地接近你并以他们开放的心态回应你的时候,你也会想要敞开心扉去接受他们的关注,不带一丝疑虑。

> **提醒!**
>
> **积极地活在当下的原则 #1**
> 敞开心扉去爱,拥抱积极的当下的生活。
> 如果你连心门都没有打开,爱是无法走进去的。

3. 忽略你的恐惧

要想积极地活在当下,很重要的一点是承认而不是忽略自己的消极情绪。然而,对于向别人敞开心扉这一点而言,用积极的情绪取代恐惧的消极情绪会让你受益良多。想想你为什么惧怕敞开心扉,是担心被他人议论,还是害怕会被他人拒绝?为了沐浴在新的关系的光芒下,你需要走出恐惧的阴影。你可以问自己:"一年以后这件事情还重要吗?""我还有什么可失去的呢?"当你思考这些问题的时候,你很可能会注意到忽略恐惧的风险远低于你因此而收获的潜在回报。

4. 活在当下

你对是否要敞开心扉的犹豫,通常是由于过去的经历而引发的恐惧或对未来的担心。如果你发现自己为过去的关系而痛苦,或是为未来的关系而烦恼,那就回到当下,把你的注意力转移到这一刻进行的互动上——用心倾听,坦诚地沟通,欣赏周围的风景,感受身边的气息。如果你发现自己的思想游离到了过去或将来,那就重新回到当下(如果有必要,应当不断地提醒自己这样做)。如果你关注于现在正在发生的积极的事情,你会更愿意敞开心扉去面对这一刻的可能性——一段关系的可能性。

5. 不要评判他人

没有人喜欢被人评判。想想他人会怎样看待我们自己,这会让我们自己心生恐惧,有时候这些想象出来的想法会把我们吓得不敢去建立人际关系。你想到的逃避他人评判的方法也许就是把你的心门牢牢地关上。但请思考一下这个观点:付出什么,就会得到什么。如果你敞开心扉,接受他人本来的样子,他人也会用同样的方式看待你。不要担心别人会怎么看你,尤其要避免对别人进行基于先入为主的想法或过往经验的评判。你越

用你自己的节奏去 爱

是敞开心扉去对待他人，他人也越愿意敞开心扉来对待你。

6. 说出来的话要具体

当你试着与他人（尤其是那些你不是很了解的人）沟通的时候，说出来的话要具体。当有人问你："你今天过得怎么样？"不要仅仅回答："很好。你呢？"试着回答得更具体些，给出一些细节，举一些例子，分享一些故事。如果你敞开心扉地与他人分享，他们会感觉与你更加亲近，也可能会分享给你一些他们自己的故事。你也可以问一些新问题，例如："你最喜欢的颜色是什么？为什么呢？"或者："我喜欢××书或××电影，你看过吗？"

7. 慢慢来

我知道，让你的心门敞开需要时间，尤其是当你的性格不是那么率直的时候。起初，将门把手稍稍地转一点，让一小部分光进来。当他人对你的回应使你增添了信心的时候，再将心门打开一点。起初，你可能会因为想要更加诚实和创造性地回答问题而语无伦次，你可能需要一段时间才能清楚地表达你想说的话。要对自己有耐心，不要因为最初有几次尴尬的情况而不再尝试（如果需要的话，一次又一次地去尝试！）。你越是对敞开心扉加以练习，你的心门就越容易打开。

付诸实践!

分享一个秘密

如果你想与某人建立更亲密的关系,可以通过和他分享一个秘密的方式。它不必是你内心最深处、最黑暗的秘密——事实上,它可以是完全微不足道的——但要确保它是你自己的、有趣的、从来没有告诉过他人的秘密。当你体会到分享自己的一小部分故事而产生的解脱感时,你就离敞开心扉更近了一步。

治愈一颗破碎的心

或许积极地活在当下的最大挑战之一就是应对一颗破碎的心了。毕竟，显然你并没有自主地选择这个特殊的当下——你的心灵受到了创伤，是因为你想拥有你现在没有的某种东西或某个人。专注于现在，这听起来可能是你最不想做的一件事。在这种时候保持积极地活在当下是一个极大的挑战，像是与最凶恶的敌人进行激烈的战斗。

实际上，保持积极地活在当下是治愈破碎的心的最好的方式之一。当你的心态停留在当下这一刻时，你不会专注于过去发生的事情或曾经的关系，也不会去思考将来可能发生的事情，如你将来的情感状态、会和谁在一起等等，这样你就不会轻易地感到心痛。和保持专注于当下一样，保持积极向上的心态是非常困难但又十分重要的，因为它能击退往往伴随心碎而来的消极情绪。

> # 提醒！
>
> **积极地活在当下的原则 #2**
> 如果你正因心碎而痛苦，请了解并转变自己的想法。当你有了治愈自己的想法，把破碎的心缝合起来的程序就开始启动了。你很难放下心中的伤痛，但越早接受一种新的思维方式，你就能越快地敞开心扉。

你可能害怕放下自己的悲伤。你或许担心，如果你放下了，向前走了，一扇你不想关上的门就会因此而永远地关上。你可能不希望自己成为让自己心碎的帮凶，结果悲伤变成了你的一种习惯、一种你不想放弃的东西，因为它会带给你一种奇妙的安慰感（即使它对你积极地活在当下没有任何帮助）。然而，放下伤心是摆脱过去、回归更积极的现在的唯一的办法，回到现在，你才能找到另一个人来爱你。放手不容易，不过下面这些方法可以帮助你治愈你这颗破碎的心。

1. 与痛苦和解

尽管否认你的痛苦很简单,但这样做完全无助于你取得积极的进展。相反,试着去接受它,通过思考关系破裂的原因让自己的心情平和。尽量不要推卸责任;想想什么地方可能出错了,并试着去理解在分手的过程中为何任何一个关系转折点都会让你如此痛苦。花些时间在痛苦上,关注它究竟给了你什么样的感觉和体验。做这些事所需时间的长短因人而异,但是如果你允许自己充分体会自己的感觉并关注当下的情绪,你能更好地了解自己什么时候才能准备好继续前行,你可以放手你的痛苦,让自己有机会在将来的关系中充分地活在当下。

2. 明白没有相同的两个人

每个人都是独一无二的,所以的确没有任何人能够直接取代你刚刚失去的那个人。然而,世界上还有许许多多其他独特的个体,其中会有一个更适合你。在治愈一颗破碎的心的路途上,这是重要的一步,提醒自己接下来不该去追求已经失去的那个人的副本。重要的是去寻找一个对你来说完全新鲜并令你感到兴奋的人,并欣然接受体验新人新事的想法。

3. 想想积极的事物

当你心碎的时候,很难会去寻找生活中积极的一面,但我强烈建议你尝试一下。终止一段不顺心的关系对大家来说都是好事。如果有人给你的失望多于希望,没有这个人,你会过上更好的生活。如果有人与你断绝了关系(无论这是否在你的意料之中),告诉自己你不需要和一个与你没有共同语言的人在一起(相信我,你真的不需要!)。失去一段消极的关系能释放你的心灵空间,让那些积极的、值得拥有你的人占据你的心。认识到你的心现在有更多的空间来欢迎你所爱的人,会大大地促进治愈性想法在你的头脑中产生。

4. 做一些你从未做过的事情

一件事的结束也是另一件事的开始——这意味着你将有新的发现。如果你有一颗破碎的心,尝试做一些你从未做过的事,它可以像去那条一直被你忽略的小路上散步那样简单,也可以像精心设计一次长达一个月的陌生目的地之旅那样复杂。冲破舒适区,探索让你活在当下的新活动和新地点。当你沉浸在新事物或新地点的景象、声音及带给你的体验中时,你已经走出了纠结于"什么曾经是什么""什么可能是什么"的梦魇。

走出舒适区

5. 建立新的关系

"天涯何处无芳草"虽说是陈词滥调，但只要你愿意到未知的远方去冒险，你就会在新起点碰到许多新人新事。加入做你热衷的事情的俱乐部或小组（想遇到与你志同道合的人，还有比这更好的地方吗？），或者加入当地的运动队或快走小组。不要把自己埋在智能手机的世界里，要抬起头，向外看，微笑！如果有人邀请你喝咖啡，请接受！虽然只是喝杯咖啡，但谁猜得到结局呢？接受邀请、与他人建立良好的关系至少能提醒你他们喜欢你的陪伴，这能很好地提升你的信心并帮助你治愈你那颗破碎的心。

付诸实践！

明白你想要什么，不想要什么

你那颗破碎的心完美地反映出你在将来的关系中想要什么，不想要什么。想想上一段关系，是什么地方出了差错，什么地方带给你美妙的感觉，这可以帮助你理清什么是你最希望从一段新的关系中得到的。把你所爱的和你不需要的都列出来，并把这个清单放在安全的地方。记住，你的痛苦会消失，你的关于什么地方出了差错的记忆也会消失，所以当你准备好再次去爱的时候，可以借鉴这张单子里的内容（不过在寻找新的爱人的时候，不要太过在意这些细节，因为有时候爱会出现在你意想不到的地方）。访问 **danidipirro.com/books/guide**，下载一张表单来帮助你思考。

第五章

在转变的过程中,积极地活在当下

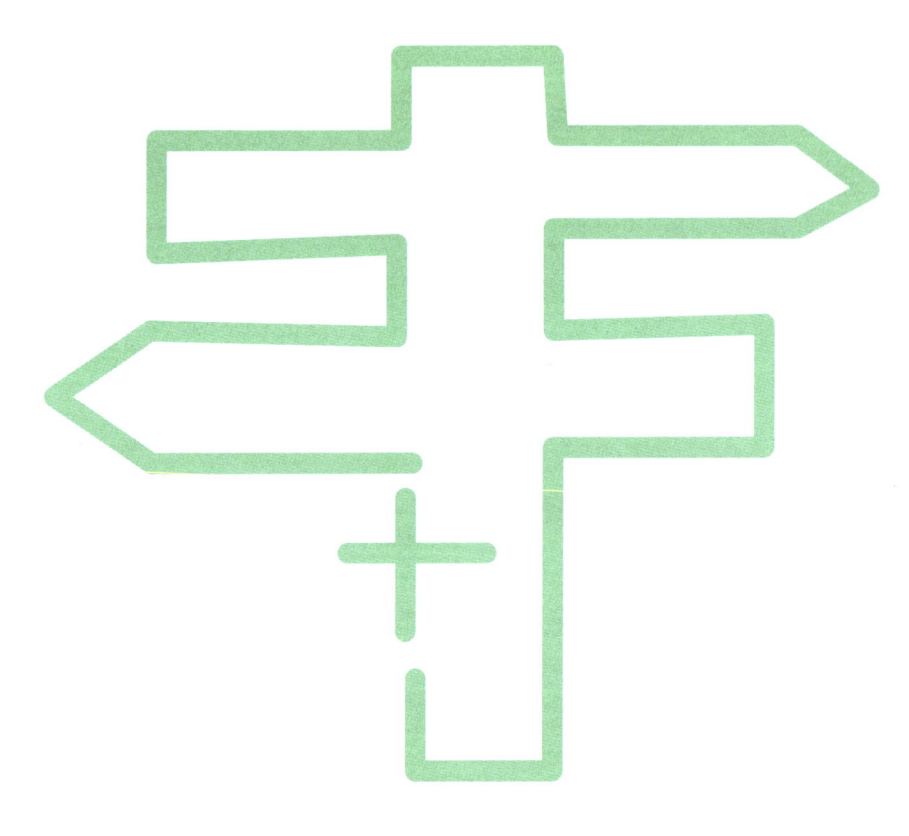

第五章 在转变的过程中,积极地活在当下

"改变"是一个可怕的词,也是一个激动人心的词、一个有内涵的词。由此可见,它可好可坏。通常,我们惧怕它,毕竟害怕或怀疑我们不知道的东西是人之常情。事实上,正是这种本能确保了人类得以生存。对改变感觉到有些害怕是可以理解的,但是不可以让这种恐惧主宰你的生活。当恐惧让你无法体验新东西的时候,你会遭遇比改变更恐怖的事情——一成不变。

改变是不可避免的。你的思想、行为、身处地、工作、孩子、宠物……一切都在改变。有时候,没有经过你的"同意",改变就会发生,你只能跟着它的节奏走;有时候,改变是你自

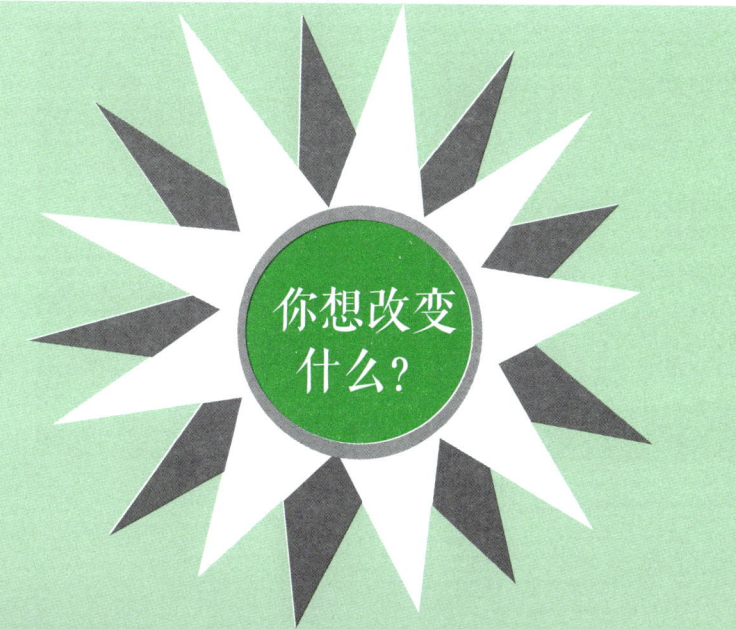

主的选择,你将成为它背后的推动力。无论导源是什么,改变都是不可避免的,也因此找到方法来利用它创造更积极、更关注当下的生活是如此重要。

不止一次,改变让我晕头转向、心神不宁——接着塑造了我,转变了我,并一次又一次地拯救了我。在摸爬滚打中,我知道了改变是我最好的朋友。

改变可能会让你感到脆弱,但也给了你体验新的经历的机会,让你远离不起作用的事物,并激励你重新开始。首先,改变让你知道自己是多么强大。当你努力去接受改变、拥抱它并利用它来提升自身的时候,你就做到了积极地活在当下。变化为你带来自由,也为你带来进步。

提醒!

积极地活在当下的原则 #5

怀着一颗感恩的心,感谢生活中的改变。这是对生命的肯定。即使改变起来很困难,也要感谢它。如果没有它,你的生活会变成一潭死水,活在当下会变得越来越难。

你所面对的
每一次改变

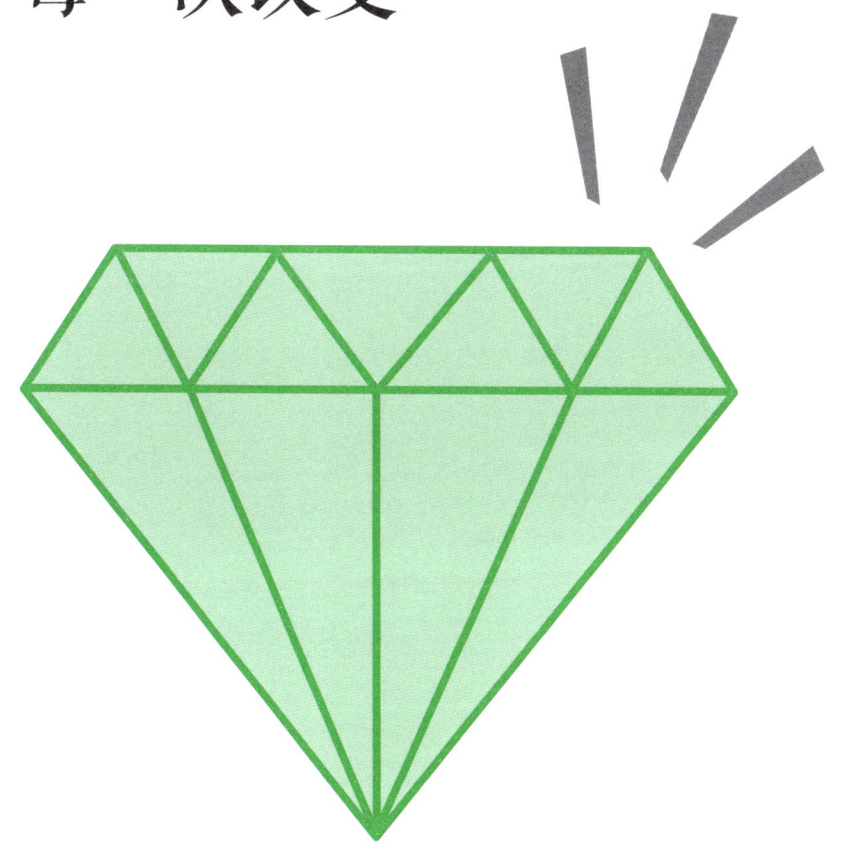

都让你变得更好！

当然，面对着突如其来或令你感到抗拒的改变时，你的感觉不会轻松，但你可以用你的想法来改变自己的感受，并试着把消极的态度转化为积极的态度。面对改变，你可能会有一种无能为力的感觉（就像被解雇的时候、被伴侣逼迫着搬家的时候，或者被你梦想的大学拒绝录取的时候产生的感觉），但你的确还有力量，你有掌控自己的想法、反应和态度的力量。当你这样想的时候，改变就一下子变得没有那么可怕了。

在这一章，我们将深入挖掘各种类型的改变并揭示保持积极地活在当下的方法（无论你正处于什么样的生活境地！）。我们先来看看最重要的一种改变，即改变自己的态度，然后再去探讨如何应对意料之外的外部改变，如何把坏变成好，如何发起一项艰难的改变，如何改掉坏习惯（这是一种特别棘手的改变！），以及如何利用改变成就最好的自己。

改变你的态度，改变你的生活

小时候因为一些事情发脾气的时候，妈妈会对我说："调整你的心态！"有时候简短地说成"调心"。这两个字简直要把我逼疯了！但长大以后（大约20岁的时候），我终于意识到它所蕴含的智慧。不管在什么情况下，只要我改变了自己的心态，我就可以让几乎任何事情都变得可以管控。心态的改变实际上可以改变一个瞬间、一种情况甚至一种生活。心态的改变是一种你在任何时候都可以掌控的改变；它可以让你在任何情况下都保持积极的心态。

选择积极的心态，会引发连锁反应：一个人的好心态会感染给另一个人，再另一个人……渐渐地，你的积极心态会让世界变得更好，而每个人都在接受改变。

付诸实践！

想出一条积极的"咒语"

想出一条"咒语"来提醒自己，当面对不那么合你心意的改变时，也要怀着积极的态度。你可以告诉自己："我可以选择积极面对。"也可以告诉自己："如果现在我选择积极的态度，我将能够实现X、Y和Z！"每当对自己生活中的变化，尤其是那些你掌控不了的变化产生消极的感觉时，用上这条"咒语"。

选择积极的态度，你需要消除消极的思想。这些狡猾的小恶魔不声不响地溜进你的心里，锲而不舍地想要阻止你看到积极的一面；不幸的是，一旦你接受了一个负面的思想，许多其他的负面思想就会蜂拥而来。下面这些方法可以在你遇到突如其来的改变或意外时，帮你避免消极的思想出现。

1. 照顾好自己的身体

发现自己的态度消极的最明显的迹象之一是你的身体状况变差。例如，如果你感到疲惫、饥饿或有压力，你会难以把精力集中在生活中积极的方面和变幻的人生风景上。你的身体状况可能会对你的感觉和想法产生重大的影响，因此，你一定要好好照顾自己，这样才能让积极地活在当下变得更容易一些。充足的睡眠、健康的食物、坚持锻炼以及新鲜的空气，对你的态度有着惊人的影响。

2. 寻找消极思想产生的潜在原因

对于某个情况的消极态度并不总是与那个特定的场景有直接的联系。当你发现自己的态度突然变得消极起来，仔细想想到底是什么在困扰着你。你是否因为当天早些时候发生的一次争吵而处于消极的心态？你是否因工作中或家里的某个情况而过分担心？我们很容易把责任归咎于眼前的事物，但是当你在更深入的层面思考问题的时候，你往往会发现有另外一些真正需要解决的问题。

> # 提醒！
>
> ## 积极地活在当下的原则 #2
> 了解——并愿意将你的想法从消极转变为积极，从而改变自己的态度。这需要练习，而且很难做到。你可能不会在一夜之间改变自己的想法，但不要放弃。你越是坚持改变，新的态度就越能保持。

3. 想想消极思想会带来的后果

当你被消极的态度所困扰时（每个人都会遇到这种情况，不要担心），想想你的态度会如何影响你的处境。例如，假设你需要为一份工作面试应聘者，而和你关系很好的一个同事刚刚丢了这份工作，你因为自己参与了新人选的择定而感到不安，但消极的态度能使情况变好吗？它有助于你活在当下吗？它能让你与新人建立联系、拥有新的体验吗？这些问题的回答很可能是否定的。消极的态度永远不会改善你的处境。当你想到消极的态度会使一个糟糕的情况变得更糟的时候，你或许可以说服自己把自己的想法引导到更积极的方向。

4. 关注其他人

消极往往是一种结果,我们被困在了自己的世界里,只想着某种情况应该是怎样的,而不愿意接受它本来的样子。当我们发现自己处于消极的心态时,把注意力转向其他人是有帮助的。不要把重点放在为什么你不喜欢某种改变上,而是看看别人的反应。你可能会惊讶地发现,其他人想到了你没有想到的积极的方面。如果其他人的态度也是消极的,挑战自己成为积极的那个人(像是一种故意唱反调的行为),向他们展示以全新的视角应对消极的处境。

5. 请求帮助

如果拥有消极的态度已经成为你的一种习惯(我曾经几十年来一直如此!),请你拜托亲近的人提醒你注意自己的负面评论或反应。正如我小的时候,妈妈常对我说的"调心",当你变得消极的时候,亲近的人可以用这样的代码词或短语来提醒你。有时候,消极的想法无处不在,你甚至都意识不到自己有这样的想法。拜托你信任的人把你带回当下,你需要这样的鼓励以让自己的想法向更积极的方向发展。

应对意想不到的变化

有一句谚语说:"四月的雨带来了五月的花。"我经常听到这句话,大多是我那个怀着积极心态的母亲说的,但近几年我才真正理解了这句话。我越是思考这句话,越是觉得它有多重要——它指的不仅仅是雨和花。

> **提醒!**
>
> **积极地活在当下的原则 #1**
> 接受改变的可能性,敞开心扉,积极地活在当下。无论突如其来的改变多么地令你不安,只要你保持开放的心态,这就会是一个成长和转变的机会。

在变化突然发生的时候,有脱轨的感觉是非常正常而且自然的。这令你不安甚至恐惧,因为你不知道这条新的轨道会通向哪里。对于未知的恐惧让人很难想象某一天这种变化可能会带来积极的改变。但我相信事出有因,即使这个原因看起来脱离了你的掌握。找到并利用这个原因的唯一方法就是尽自己所能地接受改变。你可以利用下面的策略来应对改变,让自己慢慢地发现突如其来的洪水也可以带来鲜花遍地的益处,从而拥有更积极、更把握当下的生活。

第五章　在转变的过程中，积极地活在当下

1. 感恩新的视角

突如其来的变化带来的好处之一是，它为我们提供了从新的视角看世界的机会。不要害怕这种视角的转变，它让你有机会对人对事有新的见解。想想一天中光线给景观带来了怎样的变化——景观的出现和消失取决于它们是在阳光下还是在阴影里。再想想一天中景观是如何回应光线的变化的：阳光带来了盛开的鲜花，但在漆黑的夜晚，聪明的猫头鹰才会出现。总是试着去感恩生活中出现的美景或奇观，认识到变化（无论这改变有多么艰难）可能会带来积极的影响。

在转变中寻找美丽

197

2. 评估自己的反应

你所面对的每一个小小的改变，无论多么出乎你的意料，都会让你或多或少地了解自己应对改变的能力。面对突如其来的改变，你是否立即陷入了恐慌，但第二天醒来又有了平静的感觉？也许你最初的反应还不错，但后来发现，一种焦虑感暗暗地浮上你的心头？也许你的反应比上述两种更加复杂或刺激。你可能想把它讨论清楚，或者通过其他方式来接受它。突如其来的变化给你以机会让你更好地了解自己是如何看待变化的。你越是了解自己的想法、反应和态度，就越能在下一次有效地应对这些意料外的变化。例如，如果你发现自己更喜欢面对面地接收信息，确保其他人知道这一点；同样，如果你更喜欢通过电子邮件接收信息，直接告诉他们，这样你无须面对任何人就可以着手处理。留心你能通过什么方式放下忧愁（如洗个温水澡、轻快地散步、长跑等），这样你就可以根据自己的需要做出恰当的反应了。

3. 练习适应能力

人类生存的关键是什么？是适应性。你是否无法想象自己该如何应付新的局面？其实这个问题有关如何有效地管理时间和分清轻重缓急。即使面对最坏的一种意外变故，例如，失去了心爱的人，你也有惊人的适应能力，能从身边的人身上汲取爱和力量，并且变得更加强大。无论你面对的是什么样的变化，请先给自己一些时间静静地思考，思考如何转变你的思维或支持系统能让自己的生活变得容易一些。这也许意味着列个清单来安排好自己的时间；或是通过写日记来反复思考自己的想法和感受，同时记录下自己有多么强大；它也许意味着做出更重要的改变，如搬家、改变生活方式等，以适应新的形势。无论解决办法到底是什么，你都可以做到。

付诸实践！

设想最好的情况

不要去想改变可能是一件坏事，拿出几支彩色铅笔或记号笔，画出一个想象中的场景：如果这种改变是发生在你身上的最好的事情，会发生什么？如果你不擅长画画，那你可以列出你觉得这种改变可能带来的所有美好的结果。现在，你已经想象出了最好的情况，接下来，请全力把它变成现实。

4. 想可能性，不要想问题

如果你必须走出当下、思考未来（有时候我们必须如此），尽量不要把重点放在可能出现的问题上。通过设想改变可能是一件好事（无论它现在看来是多么地令人不安）来让自己向积极的方向努力。花些时间想象一下事情顺利解决（或者至少得以解决）的所有途径。你永远不知道改变会给未来带来怎样的影响，所以允许自己从积极的角度去探索它，让积极的态度渗透所有可能的后果。

> **付诸实践！**
>
> **注意用词**
>
> 如果你对意料之外的变化心存担忧，那就站在一面镜子前，说出现在你恐惧或担忧的一切。试着去接受每种恐惧，不要做任何的评判，然后大声说出来，想象自己的恐惧被释放了出去。当心中的担忧和恐惧说出口后，想象它们飞得越来越远，再也不会打扰你了。

5. 回顾改变的过程

对于很多人来说，改变会触发一种情绪模式：先是震惊或怀疑，再是愤怒，再是悲伤，最后才是接受。你可能快速地经历了一些或所有这些阶段，甚至是在一瞬间，或者它们发生在一段时间里（几天、几个星期，甚至几年）。当你走到改变之旅的最后一步时，请思考你的反应模式。它经历了上述这些阶段吗？每个阶段是如何表现的，你是如何应对的？现在，承认和接受你的生活因为改变而失去了一些也许很珍贵的东西。想想这种失去在你每天的生活中是如何表现的，无论是内在的还是外在的，但也要思考新的开始或新的视角。在降临在你身上的意料之外的变化及其对你造成的影响的变化，和你一步步在改变中前行的能力等方面，这种回顾对你有什么启发？你知道自己对于改变的看法是如何自然地变化的吗？记住这些经验，为下一次突如其来的改变做准备。

关注机会，
而不是关注阻碍

处理日常生活中的变化

变化通常被认为是一件大事——撼动你的世界、让一切乱了套的大事,但事实上,我们每天都会遇到变化。我说的是小事情,例如,你最喜欢的店里你爱喝的茶售罄了,你的朋友取消了一起晚餐的计划,你的日程因老板的突然出现而被打乱……这些小小的变化就像有点让人讨厌的打嗝,但有时候它们会让我们感到彻底失去了控制。当你发现自己对生活中的小波折感到手足无措的时候,尽可能地留在这一刻,尽可能地积极地活在当下。下面是一些相关的建议。

1. 接受意外的变化

不确定性让生活变得有趣。如果计划变化了或事情的进展不能如你所望,请不要慌张。你和老板聊了一个小时,从而少了一个小时的工作时间?不要认为这是个问题!关注这个变化带来的可能性:你与你的直接上司正在建立一种牢固的关系,这对你将来的事业会有积极的好处。你的朋友不能和你一起吃晚餐?这太好了!你能因此腾出时间去跑步,或者追看你喜欢的电视节目,或者读你爱读的书。

2. 做一个详细的 B 计划

如果你像我一样，是一个坚持按计划做的人，那么计划被迫改变时你可能会感到不安。如果是这样的话，做一个详细的 B 计划会很有帮助。假设你被堵在路上，上班要迟到了，甚至会错过你到这个公司后的第一次会议。在等待交通重新运行起来的时间里，计划出一个替代方案，尽快打电话联系必要的人，做出新的安排。或许这一天的情况不是你所期待的，但是有了新的计划，它是完全可以被你管控的。

3. 正确地认识问题

交通拥堵而被迫绕行、同事迟到、孩子不肯穿鞋子……尽管这些事情让你很恼火，它们在你的记忆中的存留时间也不会超过一天，更别说从长远来看它们是多么的微不足道了。无论多么艰难，你都要尽可能地认识到，不值得因为这些小小的计划中的改变而产生太大的压力，当你觉得自己为它们而感到烦心的时候，努力把自己的注意力转向大局。

4. 保持感恩的心

除了正确地认识生活中这些恼人的小波折，找到隐藏的感谢它们的理由也是很有帮助的。是的，你会因为交通堵塞而上班迟到，但你可以在路上多听一会儿音频书；你的孩子不肯穿鞋子，但他有两只健康的、会走路的脚。生活中每个小小的烦恼都给了你感恩的机会。

> **提醒！**
> **积极地活在当下的原则 #5**
> 感恩你在每天的生活中遇到的小小的变化，不拿自己不顺心的生活与周围的人相比。当你找到值得为这些变化而感恩的理由时，你无须再去觊觎他人的生活。

5. 放弃控制权

日常的烦恼很好地提醒了我们，生活并不像我们希望的那样受我们控制。与其顽强地抗击生活中的变化，让自己处于压力之中，不如积极地选择让出控制权。握紧拳头，然后打开，手掌伸向天空，想象着，当你打开拳头的时候，你扔下了控制自己的生活的缰绳。这样做能帮助你接受任何正在发生的事。

回到当下

战胜对变化的恐惧

害怕改变是很正常的事情。毕竟，如果一切都进展顺利，为什么要去尝试可能根本不起作用的新东西呢？当你预先知道会有变化发生，或是在你打定主意要做出改变却开始纠结于"如果"的时候，对改变的恐惧就会形成。尽管接受巨大的变化很难，但请记住，如果一切都一成不变，生活就会变得狭隘。所以不要让对变化的恐惧阻止你探索未知的世界，只有当你的脚离开地面的时候，你才有机会翱翔。

提醒！

积极地活在当下的原则 #2

了解——并愿意转变——你的想法。思考如果把你的思想从一个令你恐惧的地方转移到一个令你兴奋的地方，你会有什么样的感觉？思考令人兴奋的事情本身会让你更容易接受改变。心态上的正确转变能使消极的思想变得积极。

我曾因为恐惧而拒绝做出改变，即使我明知道它们对我来说是最好的改变，因为我害怕不可预测的结果出现。但是，最终，缺乏改变令我窒息。虽然一成不变的事物会让我感到安全，但我的"安全屋"

深埋于消极之中。下面是关于克服对改变的恐惧和探索未知世界的一些想法。

1. 一小步一小步地来

从小处着手可以帮助你采取大的行动。无论你的小胜利是否有助于克服你对变化的深深恐惧，许多小的成功都将有助于你建立信心，让你感觉更加强壮和勇敢。假设你即将晋升为部门经理，但是担心其他人不响应你的指令或要求，要想建立起自己作为经理的信心，可以在到岗之前，向一个和你不是很熟的人寻求一个小小的帮助。当你从他人对你的积极回应中获得信心的时候（你会惊讶于他们的积极性），你会更加相信自己有能力应对改变的后果。

2. 做出行动计划

如果你制定了一个计划来帮助自己从生活的一个阶段过渡到另一个阶段，即使你很害怕其结果，你也会尽自己所能去掌控这个转变。举例来说，如果你想放弃工作去周游世界，在辞职之前先存好钱；如果你打算搬到一个新的地方住，在搬家之前先去那里过一个长周末或者度一个星期的假，从而对那个地方有更好的感觉。做好分步实施的行动计划，可以使大的变化更容易掌控，也让你更少地担心未来，更多地关注当下。

3. 让渴望战胜恐惧

有时候你会积极地做出改变，因为你知道这是你需要做的。用你自己对改变的需要战胜对它的恐惧吧。例如，如果你真的不喜欢自己的工作，但害怕接受新的职位（因为会有新的同事！新的工作量！新的通勤方式！），那么，不要去想可能的情况，而是去关注真实的情况：对你当前的工作的不满。当你关注现在正在发生的事情，你会更加了解自己对于改变的渴望，因为你能意识到目前的状况有哪些缺陷。恐惧仍在你心中，但你对改变的热情会压倒它，促使你向着更积极的方向前进。

4. 寻求明智的建议

你不是第一个在生活中做出重大改变的人，你也不会是最后一个，所以你可以向那些做出过类似改变的人、那些克服了对改变的恐惧而最终修成正果的人寻求建议。问问是什么促使他们做出了改变，他们是怎样做的，他们的感觉如何；问问如果再给他们一次机会，他们会怎样做。这样你就可以避免自己发生类似的差错。

> **付诸实践！**
>
> *看到杯子装满的那一半*
>
> 在一张纸上画一个杯子，在杯子的中间位置画一条横线（如果画画不是你的强项，也可以画一个圆圈或者访问 danidipirro.com/books/guide，打印这个练习题的相关表单）。在横线的一边写上你正在经历的变化让你感到可怕的所有原因。接着，在横线的另一边写上这种变化可能会让你有更多受益的原因，想想这种变化会怎样帮助你成长，让你的生活变得更积极。

5. 不要向后看

小时候，妈妈多长时间对你说一次："看着前面的路！"如果你一直回头，你就更有可能摔倒。一旦你决定做出转变，关注当下的时刻，你就会小心脚下，一直往前走。回头看身后的冲动会很强烈，但你越是回头看，你体验当下积极的事物和观察自己将来会具有的令人激动的新特点的时间就越少。

6. 关注生活中不变的部分

当某些变化似乎令人生畏的时候，试着关注你周围的常量。不管发生了什么事情，你的伴侣或最好的朋友都会和你在一起吗？你还会有一样的工作或一样的家吗？即使你的生活发生了重大的改变，仍有些事情是不会变的，至少在一段时间内是这样。

请记住，变化（无论给你的感觉有多好）只是你生活中的一小块拼图。感激你生命中的常量，当看似压倒性的变化发生的时候，让它们为你而战。

看一看自己要去哪儿

而不是你去过的地方

戒掉坏习惯

坏习惯是每个人身上都存在的,也是每个人都讨厌的。我也有不少坏习惯——喝酒、吸烟、聚会、情绪消极等——能把它们戒掉可真是壮举。在某些情况下,这需要花费几年的时间。然而,每戒掉一个坏习惯,我的生活中就多了一个空间来容纳新的、积极的行为。虽然我还有一些不太好的习惯,但我知道,只要有了正确的心态和恰当的方法,我就有能力战胜它们。

当然,有些坏习惯是小事,可以掌控,如爱咬指甲或消费略微高于应有的水平。但还有些坏习惯是无法控制的恶魔,如酗酒、滥用药物或饮食失调。即使我们知道需要戒掉这些坏习惯,它们也难以摆脱,戒掉它们变得不可能、令人恐惧和生畏。有些习惯已经成为我们生活的一部分,尽管它们是消极的,我们也害怕没有它们的生活。

重要的是要认识到真正的坏习惯会给你生活的其他方面和整体的健康带来消极的影响,你明白你应该尽快戒掉它。例如,它可能会伤害你的人际关系;负面地影响你的工作或学业;使你感到内疚、羞愧或沮丧，给你的身体或情绪造成伤害；让你陷入麻烦（在与心爱的人的关系方面，甚至在法律方面），并令其他人为你担心……

即使是不那么坏的习惯，也会导致消极的影响渗透到你的生活中去。例如，我真的希望我没喝过那么多的能量饮料，我知道它们含有对身体有害的人工合成品。饮用自然的能量来源（如绿茶）会更好，我明白这一点，但我就是喜欢那些闪亮的、银色罐装的并不便宜的能量饮料，哪怕我知道它们不是我的身体所需要的。

在你阅读关于戒掉坏习惯的建议之前，想想你是怎样生活的，并列出你所有的坏习惯，无论大小。要诚实和坚定地面对自己，不要试图为任何你明知道对你不好的习惯找借口（例如，我不喝咖啡不是我喝那么多能量饮料的合理理由）。坏习惯总是如影随形，你越早摆脱它们（或者至少减少它们的存在），就会越早过上更积极、更把握当下的生活。

改掉一辈子的习惯不容易，但是当你摆脱了给你的生活带来消极影响的坏习惯时，那种成就感是你能体验到的最有价值的事情之一。我可能仍然有一些坏习惯需要克服，但是当我回

顾我的人生，我可以说："哇，我有四年多没喝过酒了。"或者："我甚至不记得上一次抽烟是什么时候了！"这真的是一种奇妙的感觉。下面这些建议可以给你的生活带来积极的改变。

1. 全身心投入地戒除

如果你想戒掉一个坏习惯，重要的是全身心投入地去戒除它。这是很明显的道理，虽然人们常常说："是的，我想戒掉……"却并没有把它当真。如果你真的想戒掉它，你必须全身心地投入。有时候到了最糟糕的状态，人们才会下定决心，但是如果在到最糟糕的状态之前就能下定决心的话，你可以免受许多消极的影响。例如，关于喝能量饮料的问题，我没有戒掉这个坏习惯的原因之一就是我还没有到最糟糕的状态。虽说我不想再喝那种东西，但在我的内心深处，我还离不开它们。为了让自己全身心地戒掉一个坏习惯，你必须是真的想要戒掉它。

2. 让其他人督促你

告诉自己你要戒掉一个坏习惯是一回事，与他人分享这件事是另一回事。一旦你与别人分享了你的打算，他们就可以帮忙监督你。有他人关注你的进展，并时不时地询问你情况如何，你便更有可能坚持到底。为了获取额外的动力，你可以开通一个博客来跟踪你的进展。你有可能通过这个博客结识其他正在努力戒掉相同的坏习惯的人。我就是这样做的，我创建了 positivelypresent.com（见第 240 页）网站，这是让自己为戒除消极的思维模式负起责任的一个好办法。

3. 结交健康的人

当你正在努力地做第二点的时候，健康、积极的朋友会对你很有帮助。如果你身边的人也有你的坏习惯，而且没有全身心投入地去戒掉这个坏习惯，他们将无法帮助你。如果想要成功，必须避开会拖你后腿的人（哪怕只是避开他到你戒掉这个习惯为止）。此外，尽你所能地远离诱惑，不要让自己面对可能会令你放弃的情况。例如，如果你想戒酒，就不要再去酒吧；如果你想戒烟，就去禁止吸烟的地方。

提醒！

积极地活在当下的原则 #3

让自己面对积极的情况，结交健康、积极的朋友，尽可能地消除消极的情绪，这可以帮助你戒掉坏习惯。积极的人和环境总是往更积极的方向推动着你的想法和你的行动！

4. 一次戒掉一个坏习惯

你是否写过新年心愿？你成功戒掉了上面写的多少个坏习惯？我们经常会觉得新年心愿很难达成，因为我们同时要做的事情太多了。要有多个目标，但一次只专注于戒掉一个坏习惯。多任务处理似乎是一次性戒掉所有坏习惯的好主意，但如果一心一意的话，你更容易彻底地克服一个坏习惯。

5. 换成一个好习惯

戒掉一个坏习惯可能让你觉得像是失去了什么，这就是你需要用更积极的习惯尽快填补这个缺口的原因。仔细想想这个坏习惯的模式（出现在什么情景里？和谁在一起的时候出现？为什么会出现？），然后想出更健康的行为来取代它。例如，你想要戒烟，但你知道你在车里的时候总是想抽烟，那就在开车的时候，嘴里含一根棒棒糖或甘草糖。

6. 留意自己的情绪状态

戒掉一个习惯——特别是一个根深蒂固的习惯，或者一种身体的上瘾——是极其困难的事情，它让人心力透支。留意你的情绪状态，如果戒掉这个习惯让你感觉不堪重负，就放松一下，向身边的人寻求帮助，获得灵感、支持和鼓励，你不必独自承受这一切。如果你在身边找不到能让你处于积极的情绪状态的人，可以考虑寻求专业人士的帮助，特别是专门研究你需要帮助的这个领域的专业人士。

7. 奖励自己的进步

当我们因为积极的进步而获得奖励的时候，大多数人都会做得很好，所以给自己一些小奖励作为激励通常是有帮助的。例如，你不想再咬指甲，那么成功坚持了一个星期不咬指甲，就奖励自己去做一次美甲；你不想吃那么多甜食，如果你成功坚持了一个星期少吃甜食，就在一周结束的时候，奖励自己一份新鲜美味的异域水果。记住：你为了让生活朝着更积极的方向发展而做出了努力，你理应得到回报。设定小而容易办到的、最好有时间限制的目标，这些目标能帮你达成戒掉坏习惯的终极目的，每完成一个目标，就给自己一个奖励。但是要确保奖励不会变成诱惑！

付诸实践！

找出行为触发点

避免重拾坏习惯的一个最好的方法是知道究竟什么时候这个坏习惯会出现。想想哪些地方、哪种情景和情绪状态会触发你的坏习惯。你的坏习惯被触发是否和某人有关？知道在什么时候、什么地点你最有可能纵容自己的习惯，这可以帮助你回避（或准备好应对）你的触发点。访问 **danidipirro.com/books/guide**，下载一个表单来帮助你分析自己的坏习惯的触发点。

奖励自己

（这是你应得的！）

让改变成就最好的自己

如果你在读这本书,你可能是那种想要充分利用好自己的生活、成为最好的自己的人。但是"想要"和"真正去做"是两个不同的概念。成为最好的自己很难,因为你既想活得真实,又想改变以成为更好的自己。要成为最好的自己,窍门是:你不需要改变你核心的内在;你的目标是改变你的思维模式、动作和行为,以使它们符合你真实的内在。换句话说,最好的自己来源于对你最为内在的自我的表达,而不是试图变成另一个人。

什么是"最好的自己"?

最好的自己是你最喜欢、最尊重、感觉最积极的那个自己。这个自己表现了你的优势,最大程度地克服了你的弱点。最好的自己不是最完美的自己,而是使你充满了积极性,让活在当下变得非常容易的自己。

变成最好的自己，能让你通过更积极的角度看待这个世界。最好的自己凸显了你的优势，使你能够追求梦想，改善性格中你宁愿没有的方面。为了更好地认识最好的自己，有些时候，你只需要留心、关注当下，倾听内心的想法。但有些时候（很可能是大部分时候），你需要小心地引导自己的想法、行动和态度，确保它们沿着最佳的路径前进。

> **提醒！**
> **积极地活在当下的原则 #1**
> 敞开心扉，积极地活在当下，成为最好的自己。开放的思想能帮助你创造性地思考如何对你周围的环境做小（或大）的改变，以成就最好的自己。更简单的方法是，不要把精力放在你不得不放弃的东西上，而是关注你想要追求的东西。

你也许听说过这句话："如果你想要一些你从未有过的东西，你必须做一些你从未做过的事。"如果你想展现你知道你有但还没有显露出来的品质（如勇敢、想象力或宽容等），你往往需要改变自己的行动或心态，以露出隐藏在你内心的精华。到此为止，这一章中的大部分建议都能在这方面帮助你——改变你的态度、只结交积极的人、戒掉坏习惯，都是成为最好的自己的好办法。

然而，成为最好的自己的最重要的方式，是弄清楚你希望自己的生活中增加什么、减少什么。这听起来像是一个简单的任务，事实上却有些复杂。下面的建议会对你有所帮助。

1. 确定什么对你来说是重要的

如果想知道你希望自己的生活中增加什么、减少什么，你需要想清楚对你来说什么是最重要的。想象一个绝对理想的未来的生活场景，你在做什么？和谁在一起？在你的想象中，每一天当你醒来的时候感觉如何？密切关注自己的想法，考虑它们是你的真实想法，还是受别人影响而产生的。那个盛大的白色的婚礼是你还是你母亲的梦想？那份高压力、高回报的事业是你真心喜欢的，还是你觉得你必须追随你姐姐的脚步？生三个小孩是你的愿望，还是你的伴侣想要一个大家庭？确保你的答案是真心的。

2. 确定哪些东西需要改变

一旦你确定了自己想要的生活，是时候弄清楚你需要在哪些方面做出改变了。例如，如果你想拥有更多可支配的时间，你可以从给自己安排一个晚上，或者仅仅一个小时，或一个星期的时间入手，一个人静静地坐在房间里或者做一项你非常喜欢的活动。从不同的角度来思考问题：你觉得你没有足够的可支配的时间,也许意味着你需要一个能供你自由活动的地方。如果是这样的话,你可以约见一个理财规划师,看看是否有可能买房。你可能还需要考虑一下,在你目前的处境中,是什么阻止了你成为最好的自己。不管是什么,你都需要努力克服它!当你深思改变这个概念的时候,想一下下一页中列出的问题,你的答案说不定会给你灵感。

3. 非常具体地进行思考

现在,你已经知道了生活中什么样的改变能使你变成最好的自己,是时候想一下能实现你的目标的具体的改变了。思考得具体是非常重要的。不要含糊地想:"因为我工作不开心,所以我需要改变我周围的环境。"注意你可以采取的一些具体的措施,如下班后少看一会儿电视,这样你就有更多的时间去寻找工作机会。假设你想谈恋爱,你可能会想:"我应该换个地方待待,这样我就有机会认识一些新朋友了。"把这个想法落实到具体行动上,如报名参加一周一次的烹饪课。你做出的改变越具体,你就越有可能达成目标,并成为最好的自己!

第五章　在转变的过程中，积极地活在当下

付诸实践！

选择一个改变

说到利用改变成就最好的自己，有时候你很难知道该从哪里入手。下面这些问题可以帮助你思考要做出怎样的改变，无论是自身还是对周围的环境。即使你已经很清楚地知道如何利用变化来成就最好的自己，简短地写下下面这些问题的答案也会让你受益。可以访问 danidipirro.com/books/guide，下载这些问题。

- 你是否花时间做那些对你有意义的事情？
- 你是否努力避免会给你的生活带来消极影响的活动？
- 你是否参与能以积极的方式激励你的活动？
- 你是否花时间与能鼓励你的积极的人相处？
- 你是否努力地鼓舞和激励他人？
- 你是否能注意到——但不会纠结于——你的缺点？
- 你是否对自己的行为和选择负责？
- 你是否履行了对自己的承诺？
- 你是否重视自己的需求，像你重视别人的需求一样？
- 你是否经常向他人表达你的感激和爱？
- 你是否向他人承认你犯了错误？
- 你是否会原谅那些曾经伤害过你的人？
- 你是否会以积极的口吻谈论自己和他人？
- 你是否会诚实、坦率地展现自己？
- 你是否能满足自己所有的生理、情感和精神需求？
- 你是否为自己的大部分选择感到自豪？
- 你是否会在自己苦苦挣扎的时候寻求他人的帮助或指导？

结论

万岁！你已经读完了整本书（或者只是跳到了最后，你这个鬼灵精！），你或许已经明白了为什么写这本书对我来说是如此重要。"积极"和"当下"这两个简单的词给我带来难以置信的巨大变化，洗礼了我的灵魂，改变了我的生活。把精力集中于积极地活在当下，使我和我生活中的每个方面都变得更好。在此，我把我学到的东西分享给你，希望能帮助你理解积极和当下的力量。

当我读到可以帮助我改善生活的书，其中的智慧往往会在我的头脑中保留许多年，在我最需要的时候，它们就会出现在我的脑海中，促使我再次翻开书，看一看折起的书页、画线的句子。我希望这本书对你有同样的意义，成为为你持续提供洞察力的源泉。该书的五个部分详细地探讨了你可以变得更积极、更活在当下的几个主要的方面，我希望这本书能作为一个指南，帮助你应对来自家庭、工作、人际关系、爱情和变化的挑战。我希望你会再次读这本书并得到鼓舞和激励。

积极地活在当下并不容易，有时候，你会遇到一些非常消极的人、情况和想法,但经历过一些疯狂的起起落落之后,我可以肯定地说,专注于当下、专注于积极的方面只会给自己的生活带来更多的善意、幸福和灵感。不管生活看起来有多么艰难,保持积极的心态、把握当下只会改善你的处境。我希望这本书已经让你明白,你永远可以选择积极地活在当下!

回到当下

积极地活在当下的 52 种方法

1. 安静地（不许打电话）坐在你最喜欢的房间里、你最喜欢的地方。

2. 关掉电话和电视，把整个房间彻底打扫一遍。

3. 列出这一刻发生在你身边的所有的事情。

4. 关上门，点上薰衣草蜡烛，舒服地享受一个令人放松的泡泡浴。

5. 在小区里转一转，注意有没有大自然的新迹象。

6. 亲手做点什么——一幅画、一顿饭、一张贺卡……

7. 列出这一刻你的工作场所让你喜欢的地方。

8. 问一个同事："你这一天过得怎么样？"并仔细地聆听他的回答。

9. 花一个小时做一项你非常擅长的、与工作相关的任务。

10. 在卧室里伴着你最喜欢的歌跳舞（单独或与朋友一起）。

12. 问一个朋友他最近有什么顺心的事情，并对他的回答表示感激。

11. 一整个下午不查看手机或邮件。

15. 用一条积极的咒语克服一条负面评论的影响。

13. 把某人的名字写在一个气球上，松手，从而放下这段关系。

14. 花一个小时独自做你喜欢的事情。

16. 选一条新的、意想不到的路线去上班或上学。

17. 一整天不把自己与其他人做比较。

18. 当你发现自己处于消极的对话中时，叫停，去散散步。

19. 对着镜子说出十个自己很棒的理由。

20. 与某个你喜欢的人分享一篇有趣的文章或看一场喜剧，一起欢笑。

21. 给你爱的人一个巨大的拥抱，无需任何理由。

22. 重现你的第一次约会，和你的另一半享受过程中的每一刻。

23. 告诉你所爱的人一些无人知晓的关于你的事情。

24. 放纵自己在家做SPA。

25. 学习一种你根本不需要的技能（如杂耍、跳华尔兹或潜水）。

26. 做一些孩子气的事情（吹泡泡、做手指画、建造一个堡垒等）。

27. 试着做一件你认为自己做不好的事情（唱歌、跳舞或其他任何事情）。

28. 全神贯注地做填字游戏或数独。

35. 去一个你从未到过的城镇或街区一日游。

36. 花时间陪伴狗狗或猫咪，注意它们是如何活在当下的。

37. 仰望天空，描述（或画）出它的样子。

38. 尽可能慢地吃你喜欢的食物，留心每一口的滋味。

39. 整整一分钟关注自己的呼吸。

40. 从不同的角度拍摄你最喜欢的东西、人、宠物或风景。

回到当下

41. 去当地的慈善机构做志愿者,只关注发生在那里的事情。

42. 仔细观察、记录一棵植物或一朵花的细节。

44. 关注四季和它们的变迁。

43. 为你最爱的人举办一个派对,尽情地享受而不分神挂念于那些餐具。

45. 循环播放你最喜欢的歌,思考自己为什么喜欢它。

46. 创建一个新的项目,做你从未尝试过的事情。

47. 在房间里四处看看，注意不同的颜色和质地。

48. 主动向陌生人介绍自己，问引人思考的问题，例如："你最深刻的记忆是什么？"

49. 问自己："这一刻我最喜欢的是什么？"

51. 告诉某人你爱他的全部理由。

50. 打电话给你爱的人好好聊聊天，即使你们很久没有联系过了。

52. 对每一个你看到的人微笑，即使你并不想微笑。

延伸阅读

我非常喜欢读书并且从中学到了许多东西。下面这些书激励我更积极地活在当下。

1. 戴维·布鲁克斯,《社会动物》(David Brooks, *The Social Animal*)

2. 奥古斯丁·巴勒斯,《这就是方法》(Augusten Burroughs, *This Is How*)

3. 理查德·卡尔森,《别再为小事抓狂》(Richard Carlson, *Don't Sweat the Small Stuff*)

4. 希尔扎德·查米恩,《正向力》(Shirzad Chamine, *Positive Intelligence*)

5. 盖瑞·查普曼,《爱的五种语言》(Gary Chapman, *The Five Love Languages*)

6. 迪帕克·乔普拉、黛比·福特和玛丽安·威廉姆森,《阴影效应》(Deepak Chopra, Debbie Ford and Marianne Williamson, *The Shadow Effect*)

7. 洛丽·德斯坎,《小活佛》(Lori Deschene, *Tiny Buddha*)

8. 芭芭拉·弗雷德里克森，《积极》（Barbara Fredrickson, *Positivity*）

9. 克里斯·吉尔博，《追求的幸福》（Christ Guillebeau, *The Happiness of Pursuit*）

10. 乔纳森·海特，《幸福的假设》（Jonathan Haidt, *The Happiness Hypothesis*）

11. 苏珊·杰菲斯，《战胜内心的恐惧》（Susan Jeffers, *Feel the Fear and Do It Anyway*）

12. 安妮·凯瑟琳，《界限》（Anne Katherine, *Boundaries*）

13. 拜伦·凯蒂，《一念之转》（Byron Katie, *Loving What Is*）

14. 丹妮尔·拉波特，《从这里启动》（Danielle LaPorte, *The Fire Starter Sessions*）

15. 弗朗索瓦·勒洛尔，《寻找幸福的赫克托》（François Lelord, *Hector and the Search for Happiness*）

16. 李·利普森特，《享受每个三明治》（Lee Lipsenthal, *Enjoy Every Sandwich*）

17. 露西·麦克唐纳，《你可以成为乐观主义者》（Lucy MacDonald, *You Can Be an Optimist*）

18. 丹尼尔·A. 米勒，《失去控制，找到宁静》（Daniel A. Miller, *Losing Control, Finding Serenity*）

19. 斯蒂夫·诺贝尔，《工作的启迪》（Steve Nobel, *The*

Enlightenment of Work）

20. 格雷琴·罗宾，《幸福项目》（Gretchen Rubin, *The Happiness Project*）

21. 唐·米格尔·鲁伊斯，《四个协定》（Don Miguel Ruiz, *The Four Agreements*）

22. MJ. 瑞恩，《幸福装扮》（MJ Ryan, *The Happiness Makeover*）

23. 凯伦·莎尔曼森，《该死！怎么才能快乐？》（Karen Salmansohn, *How to Be Happy, Dammit*）

24. 马丁·塞利格曼，《活出最乐观的自己》（Martin EP Seligman, *Learned Optimism*）

25. 苏珊·夏皮罗，《焕发精神》（Susan Shapiro, *Lighting Up*）

26. 莎拉·西尔弗顿，《正念的突破》（Sarah Silverton, *The Mindfulness Breakthrough*）

27. 亚莉珊卓·史达德尔，《选择幸福》（Alexandra Stoddard, *Choosing Happiness*）

28. 埃克哈特·托利，《当下的力量》（Eckhart Tolle, *The Power of Now*）

29. 凯伦·怀特洛-史密斯，《蝴蝶经验》（Karen Whitelaw-Smith, *The Butterfly Experience*）

致谢

当我还是个小女孩的时候,我的卧室里塞满了书、笔记本和一堆堆漂亮的笔。我梦想着有一天能出版一本书,成为一个真正的作家。现在我长大并实现了梦想!我非常感谢那些直接或间接地帮助我实现梦想的人。

首先,我必须感谢我的父母和我的妹妹,他们一直支持我。没有我的父母(他们是非常聪明、令人鼓舞,同时在某些方面性格完全相悖的两个人),我不可能成为现在的我、能写出这本书的我。妈妈,谢谢您一直保持积极的态度(甚至在我可怕的少年时期),并且让我知道调整自己的态度的诸多好处。我对您的爱是这么多,一直到天空再绕回来。爸爸,谢谢您给予我写作的天赋,并且做我真正忠实的读者。您对文字,以及对我的爱将永远留在我心中。

我还要谢谢那些一直积极地鼓励、支持我的人——斯蒂芬妮·巴蒂斯塔、布莱尔·托德、丹尼·埃姆斯、阿比·雅各布森、韦德·巴克兰、科拉尔·拜罗德·史密斯。我会永远感谢你们,在我努力地改变自己的生活以积极地活在当下的时候,你们与我分享了建议、鼓励和爱。

非常感谢沃特金斯出版社的朋友们，特别是凯利·汤普森、约翰·廷特拉、朱迪·巴勒特、菲奥娜·罗伯森和乔治·休伊特。你们与我密切合作创作了这本书，你们第一时间发现了它的潜力，并投入如此多的时间和精力使它以最好的形态呈现。和你们一起工作是一种乐趣，我期待着未来我们有史多的合作项目。

PositivelyPresent.com 网站多年来的读者们：谢谢你们，谢谢你们，谢谢你们！你们的支持和鼓励促使我爱上我所做的事情。从你们那里感受到的积极的力量和爱是我创作这本书的驱动力之一，我将永远感谢你们。

关于作者

达妮·迪皮罗是住在华盛顿特区郊区的一位作家、博主和设计师。2009 年,她创建了 PositivelyPresent.com 网站,意在分享她的关于积极地生活在当下(这一点对她来说并不总是那么容易办到)的见解。关于积极的个人发展的所有的东西都能在 PositivelyPresent.com 网站上找到。

除了《回到当下》这本书,达妮也是 PositivelyPresent.com 网站上《保持积极:每日提醒》的作者,还写了一系列关于自爱、假期计划、节省经验和组织活动的电子书。

作为一个作家和博主,达妮还学习了平面设计和插图。她成立了设计工作室 Twenty3,在 Etsy 上创建可下载的内容,为 Society 6 设计产品,并与个人和企业合作制作现代的、激励人心的插图和设计。

在不设计、不发博客、不写作的时候,达妮沉浸在书的世界里,在 Instagram(@ positivelypresent)上创作激励人心的内容,在 Pinterest 上疯狂地分享图片,或者和她的小狗巴克利一起玩。

想了解更多关于达妮的信息,请访问 DaniDiPirro.com。

关于 PositivelyPresent.com 网站

有人曾说:"如果你意识到你的思想有多么强大,你就永远不会有消极的想法。"PositivelyPresent.com 就是这句话在网络中的现实体现。2009年,达妮·迪皮罗推出这个网站,专注于为读者提供关于积极地活在当下的实用建议和个人见解。自那时起,该网站的内容已极大地丰富,持续地影响着世界各地的人们的生活。

达妮努力地接受"从此幸福地生活"的想法,利用 PositivelyPresent.com 网站专注地寻找生活中积极的方面,把握当下,同时,和她的读者们分享她的经验和现实生活中的智慧。

积极地活在当下意味着把握当下,面对任何一种情况都能保持积极的态度,当面对日常生活中的压力和挑战时(更不要说在经受失去、重压或心痛的特殊时期),这往往是难以办到的。PositivelyPresent.com 网站正是为了帮助达妮和她的读者们充分利用好他们的时间(甚至是艰难的时刻)而建,该网站的内容主要是达妮为鼓舞和激励读者而分享的见解、灵感和个人经验。

该网站全是关于积极地活在当下的文章、访谈和资源。你会在这里发现变得更积极的窍门（即使很难）、活在当下的建议、关于如何应对消极影响的见解和鼓舞人心、令人振奋的插图。PositivelyPresent.com 网站每隔两周在周一更新一篇文章，每周五推送一次有关积极生活的引语、链接、音乐和资源。PositivelyPresent.com网站有积累超过五年的按类别分类的内容，达妮还为她的读者们提供了可下载打印的免费内容。

了解更多关于 PositivelyPresent.com 网站的信息，请访问 PositivelyPresent.com。